决定出路，指引着人生的方向。不同的思路会带来不同的行为会带来不同的结果。思路对，就会柳路错，就会山重水复。在逆境和困境中，有思路就顺境和坦途中，有思路才会有更大的发展

好思路
好方法
好经验

宿春礼 王婧 著

线装书局

目标是人生的方向，找对方向，才能跨越成功的大门。

目录

前言

　　每个人都渴望成功，都希望能过上更精彩、更富有的生活，但并非每个人都能如愿。能够实现愿望的人不一定比你付出更多的汗水，但一定比你付出了更多的思考，他们有好的思路、好的方法、好的经验。好思路、好方法、好经验，是成功者超越常人，大赢大得的三件利器。

　　思路决定出路，指引着人生的方向。不同的思路会带来不同的行为，而不同的行为会带来不同的结果。思路对，就会柳暗花明；思路错，就会山重水复。在逆境和困境中，有思路就有出路；在顺境和坦途中，有思路才会有更大的发展。要创造幸福生活，改变自己的命运，就需要改变你自己。而改变自己则必须从改变自己的思路入手。好思路是你人生前进路上的一盏明灯，为你指明前进的方向，带给你前行的希望和努力的动力。

　　方法，是保证思路得以执行的手段，是成功的保证。成功需要方法，人生的计划和行动，是需要靠方法来完成的。任何一种方法都可以导致一种结果，但这个结果是不是最佳的结果，要看你的方法是否正确。成大事者总是会选择最佳的手段，达到最完美的结

1

果。因此在成功路上，你要想成大事，首先要解决的问题就是：你的方法对你推动成功的计划是否立竿见影。为了实现我们的理想和目标，我们需要找到正确的方法。但要摸索成功的正确方法并不容易，甚至要经历很多磨难。这需要考验我们的毅力和耐力，只有经过锤炼的有毅力的人，才能够寻找和总结出成功的方法。

经验，是前人的成功感悟和失败教训的总结，也是人生成功的阶梯。成功需要借鉴经验，俗话说，失败是成功之母。但凡成功者大都会有一段失败的经历，这让他们积累下了宝贵的经验，为他们后来的成功铺平了道路。这些经验是智慧的高度浓缩，是立身处世的法则，是生活求索的启迪。这些经验可以成为生活中攀登者的动力，也可以成为沧海上夜航者的灯塔，还可以成为人们治学报国的向导、事业成功的秘诀。就经验的来源来说，我们可以从前辈、朋友那里获得，也可以通过自身尝试获得。但无论经验来源于何处，好经验总能让我们少走弯路，让我们在成功的道路上事半功倍。

好思路、好方法、好经验，是一个人从平凡到卓越需要具备的条件。本书全面阐释了拥有好思路、获得好方法、赢得好经验的方法和技巧，通过列举大量的实例，加以精到的分析，教你像成功者一样思考、行动，让你在面对繁杂的事物和困难时应对自如，快速找到解决问题的突破口，轻松踏上成功之路，赢得属于自己的美满人生。

你的经验一定可靠吗？因为局限于经验而故步自封，只会让机会白白溜走。

条条大路通罗马，只要选对
方法，解决问题的途径有很多。

中篇　好方法

第一章
方法总比问题多

第二章
只为成功找方法，不为问题找借口

第三章
抓住问题找答案，用对方法做对事

第四章
转换思考法

第五章
图解思考法

下篇　　好经验

第一章
社会不会等待你成长，慎重对待机遇

第五章
初入社会，不要和这个世界格格不入

第六章
熟谙职场规则，让"职商"一路飙升

第七章
一个人能否成功，与他的人脉有关系

上篇 ◆ 好思路

第一章

思路决定出路，方向决定人生

　　人生是一个不断变化和选择、不断思考的过程。思路不同，看待世界的视角不同，对待生活的心态不同，解决问题的方法不同，由此会产生截然不同的人生。优秀者与平庸者的根本区别，就在于他们是否能够主动寻找获得成功的好思路，找到人生的正确方向。优秀者能够不断思考，开拓创新，积极寻找新的思路突破人生中的一个个难题，最终取得成功；而平庸者墨守成规，缺乏思考，最终成为人生跑道上的落伍者。如此巨大的人生反差，带给我们一个重要的启示：思路决定出路，方向决定人生。

思路突破：人生需要设计

　　有一句名言："你希望自己成为什么样的人，你就会成为什么样的人。"人生就是不断实现"自我"的过程，自我实现的要求产生于自我意识觉醒之后，经历了"自我意识——自我设计——自我管理——自我实现"这样一个过程。如果把自我设计看作立志，那么自我管理便是工作，而自我实现就处在自我管理的过程中和终极点上。

人在一生中会做无数次的设计，但如果最大的设计——人生设计没做好，那将是最大的失败。设计人生就是要对人生实行明确的目标管理。如果没有目标，或者目标定位不正确，你的一生必然碌碌无为，甚至是杂乱无章的。做好人生设计，必须把握两点：一是善于总结，二是善于预测。对过去进行总结和对未来进行设计并不矛盾。只有对自己的过去好好地进行回顾、梳理、反思，才能找出不足，继续发扬优势。这样，在进行人生设计时，才能扬长避短。而对未来进行预测，就是说要有前瞻性的观念和能力。缺少了前瞻性的观念和能力，人将无法很好地预见自己的未来，预见事物的动态发展变化，也就不可能根据自己的预见进行科学的人生设计。一个没有预见性的人，是不可能设计好人生、走好人生之路的。

　　还有一点必须记住，那就是设计好人生的前提是自知、自查。了解自己，了解环境，这是成功的前提条件。知己知彼，方能百战不殆。对自己有着清楚的了解与估量，才能有的放矢地进行人生设计。在知己知彼以后，需要对自己合理定位。人不是神，有很多不足和缺陷，对自己期望过低、过高都不利于自身成长。

　　但设计人生不能盲从别人，也不能一味地服从与遵循死理。设计目标是为了实现目标，而不是为了设计而设计。设计只是一种手段，而不是我们要的结果。因此，我们需要变通的设计，因时因事因地而变化。设计也不是屈服，设计的主动权要掌握在我们自己的手中——我的人生我做主，用手中的七彩画笔在画布上画出美丽的图画。

要改变命运，先改变思路

我们不是没有好的机会，而是没有好的思路。思路影响并决定了人的精神和素质。在相同的客观条件下，由于人的思路不同，主观能动性的发挥就不同，产生的行为也就不同。有的人因为具备先进的思路，虽然一穷二白，却白手起家，最终出人头地；有的人即使坐拥金山，但由于思路落后，导致家道中落，最后穷困终生。

亿万财富买不来一个好思路，而一个好思路却能让你赚到亿万财富。为什么世界上所有的财富拥有者都能够在发现、捕捉商机上独具慧眼、先知先觉呢？根本原因就是他们思想上不保守，思路更新更快！

都说知识改变命运，事实上，真正改变人命运的是思路，仅凭知识是改变不了命运的！很多自诩才高八斗、学富五车的人不是一样穷困潦倒吗？

人的思想决定了人的言行举止，起着先导的作用。从奔月传说到载人宇宙飞船遨游太空，都是思路更新、思想进步的结果。

思路超前，就能想别人之不敢想，为别人之不敢为，自然就能够发现别人视而不见的绝佳机会，获得成功自然是水到渠成的事。

市场经济的规律告诉我们：只有思路常新才有出路。成功的喜悦从来都是属于那些思路常新、不落俗套的人们。一堆木料，将它用来作燃料，分文不值；如果将它卖掉，能够卖几十元；如果你有木匠的手艺，将它制作成家具再卖掉，能够卖好几百块；如果你具有高级木匠的手艺，将它制作成高级屏风卖掉，就能够卖几千元！

思路的更新是永无止境的。思路是创新的先导，需求是创新的动力。

现在有一句顺口溜：脑袋空空口袋空空，脑袋转转口袋满满。要想赚钱，就要勇于开拓，不断创新，为自身发展闯出更广阔的新天地。要问财富来自哪里，财富其实就在你的头脑里！人与人的最大差别是思想、思路，有的人长期走入赚钱的误区，一想到赚钱就想到开工厂、开店铺。这一想法如果不突破，就抓不住许多在他看来不可能的新机遇。

真正想一想，成功与失败，富有与贫穷，只不过一念之差。

要改变命运，先改变思路！

思路突破：从多维的角度思考人生

要想成功就要学会从多维的空间和一维的时间角度观察并思考人与环境的关系，善于从中认识自己，知道自己在环境里处在怎样的位置上。这种多维的取向并非是要你去尝试各种职业或各种生活方式，而是要你从个性的种种要素上充分地相信自己，培育自己，挖掘自己的能力。

多维思维可以使你发散式（如阳光四射）地或辐合式（如磁铁引力）地洞悉事物的内外联系。其中自然有以时间为参照物的回顾与展望，这样无论是微观或宏观对象，都能以立体思维的方式，或精细分析，或综合体悟而获得解释和创见。当人以立体思维的视野和方式思考问题时，就能以最小的偏见或成见看问题，也能获得更多的灵感和远见。

那么，怎样有意识地训练自己多维的思考能力呢？

多维思考问题，能够帮助我们突破思维的局限，扩大思维的视角，同时拓展思维的深度。我们要将自己的个性发展定位在全息的时空背景里，自己从每件小事做起，从每一条信息中看到有价值的部分，在每一个机会里安排下自己的目标，从自己的每一个念头里发现新的内容，在每一回冲动里感到自己的热情与意志，并在每一次行动中体验到自己的成长。这时我们会觉得"每一天的太阳都是新的"，世界充满了生机，我们有那么多的事要做，有那么多东西要学，可走的路四通八达，肯帮我们的人无处不在。

人生随时都可以重新开始

只要你有一颗追求卓越的心，你的人生随时都能重新开始。

这个世界上不会有人一生都毫无转机，穷人可能会飞黄腾达为富人，富人也可能沦落为穷人。很多事情都是在一瞬间发生的。富有或贫穷，胜利或失败，所有的改变都会在一瞬间发生。

CNN 的创始人特德·特纳，年轻时是一个有名的花花公子，从不安分守己，他的父亲也拿他没办法。他曾 2 次被布朗大学除名。不久，他的父亲因企业债务问题而自杀，他因此受到了很大的触动。他想到父亲含辛茹苦地为家庭打拼，他却在胡作非为，不仅不能帮助父亲，反而为父亲添了无数麻烦。他决定改变自己的行为，要把父亲留给自己的公司打理好。从此他变了一个人，成了一个工作狂，而且不断寻找机会，壮大父亲留下的企业，最终将 CNN 从一个小企业变成了世界级的大公司。

禅宗讲求顿悟，认为人的得道在于顿悟，在于一刹那的开悟。其实人生也是这样，思想的改变就在一瞬间。当我们顿悟后，我们就能洞察生命的本质，就能将蕴藏在内心中的潜能都充分地发挥出来。

早年，鲁迅认为中国落后是因为中国人的体格不行，被称作东亚病夫，于是他去日本学习医学。但一次在课间看电影的时候，他看到日本军人挥刀砍杀中国人，而围观的中国人却一脸的麻木，当时其他的日本同学大声地议论："只要看中国人的样子，就可以断定中国必然灭亡。"鲁迅在思想上顿时发生了改变，他说："因此我觉得医学并非一件紧要事，凡是愚弱的国民，即使体格如何健全，如何茁壮，也只能做毫无意义的示众的材料和看客，病死多少是不必以为不幸的，所以我们的第一要著是在改变他们的精神，而善于改变精神的是，我那时以为当然要推文艺，于是想提倡文艺运动了。"从此，鲁迅决定弃医从文，以笔为枪，去唤醒沉睡中的中国，中国由此也多了一位伟大的思想家和文学家。

一个人想要达到成功的巅峰，也需要顿悟，从你的内心深处升起的那份卓越的渴望，将会在瞬间改变你的一生。

思路突破：定位改变人生

一个人怎样给自己定位，将决定其一生成就的大小。志在顶峰的人不会甘于平地，甘心做奴隶的人永远也不会成为主人。

你可以长时间地卖力地工作，而且创意十足、聪明睿智、才华横溢、屡有洞见，甚至好运连连。可是，如果你无法在创造过程中给自己正确定位，不知道自己的方向是什么，一切都会徒劳无功。所以说，你给自己定位什么，你就是什么。定位能改变人生。

一个乞丐站在路旁卖橘子，一名商人路过，向乞丐面前的纸盒里投入几枚硬币后，就匆匆忙忙地赶路了。

过了一会儿后，商人回来取橘子，说："对不起，我忘了拿橘子，因为你我毕竟都是商人。"

几年后，这位商人参加一次高级酒会，遇见了一位衣冠楚楚的先生向他敬酒致谢，并告诉商人：他就是当初卖橘子的乞丐。而他生活的改变，完全得益于商人的那句话——你我都是商人。

这个故事告诉我们：你定位于乞丐，你就是乞丐；当你定位于商人，你就是商人。

定位决定人生，定位改变人生。

汽车大王福特从小就在头脑中构想能够在路上行走的机器，用来代替牲口和人力。而全家人都希望他在农场做助手，但福特坚信自己可以成为一名机械师。于是他用一年的时间完成了别人要 3 年才能完成的机械师培训，随后他花 2 年多时间研究蒸汽机，试图实现自己的梦想，但没有成功。随后他又投入到汽油机研究上来，每天都梦想制造一部汽车。他的创意被发明家爱迪生所赏识，于是邀请他到底特律公司担任工程师。经过 10 年努力，他成功制造出了第一部汽车引擎。福特的成功，完全归功于他的正确定位和不懈努力。

在现实生活中，总有这样一些人：他们或因受宿命论的影响，凡事听天由命；或因性格懦弱，习惯依赖他人；或因责任心太差，不敢承担责任；或因惰性太强，好逸恶劳；或因缺乏理想，混日为生……总之，他们做事低调，遇事逃避，不敢为人之先，不敢转变思路，而被一种消极思想所支配，甚至走向极端。

也许，每个人对成功的理解都有所不同，但无论你怎样看待成功，你必须正确定位自己。

思路有多远，就能走多远

戴高乐说："眼睛所到之处，是成功到达的地方，唯有伟大的人才能成就伟大的事，他们之所以伟大，是因为他们决心要做出伟大的事。"教田径的老师会告诉你："跳远的时候，眼睛要看着远处，你才会跳得更远。"

一个人要想成就一番大的事业，必须树立远大的理想和抱负，有深远的思想和广阔的视野，按照既定的目标，坚持不懈，到最后，一定会获得成功。

拿破仑·希尔讲过这样一个故事：

爱诺和布诺同时受雇于一家超级市场，开始时大家都一样，从最底层干起。可不久爱诺受到总经理青睐，一再被提升，从领班直升到部门经理。布诺却像被人遗忘了一般，还在最底层混。终于有一天布诺忍无可忍，向总经理提交辞呈，并痛斥总经理不公平，辛勤工作的人不提拔，倒提升那些溜须拍马的人。

总经理耐心地听着，他了解这个小伙子，工作肯吃苦，但似乎缺少了点什么，缺什么呢？总经理忽然有了个主意。

"布诺先生，"总经理说，"你马上到集市上去，看看今天有什么卖的。"

布诺很快回来说，集市上只有一个农民拉了车土豆在卖。

"一车大约有多少袋？"总经理问。

布诺又跑去，回来说有 10 袋。

"价格多少？"

布诺再次跑到集市上。

总经理望着跑得气喘吁吁的布诺说："请休息一会儿吧，看爱诺是怎么做的。"

说完，总经理叫来爱诺，对他说："爱诺先生，你马上到集市上去，看看今天有什么卖的。"

爱诺很快从集市回来了，汇报说到现在为止只有一个农民在卖土豆，有 10 袋，价格适中，质量很好，他带回几个让总经理看。这个农民过一会儿还将弄几筐西红柿出售。爱诺认为西红柿的价格还算公道，可以进一些货。这种价格的西红柿总经理可能会要，所以，他不仅带回了几个西红柿做样品，而且把那个农民也带来了，现在正在外面等着回话呢！

总经理看了一眼红了脸的布诺，对爱诺说："请他进来。"

爱诺由于比布诺多想了几步，在工作上就取得了较大的成功。在现实生活中，远见卓识将给你的生活和工作带来极大的好处。

凯瑟琳·罗甘说："远见告诉我们可能会得到什么东西，远见召唤我们去行动。心中有了一幅宏图，我们就从一个成就走向另一个成就，将身边的物质条件作为跳板，跳向更高、更好的境界。这样，我们就拥有了无可衡量的永恒价值。"

远见会给你带来巨大的利益，它会为你打开不可思议的机会之门。

远见会发掘你人生发展的潜力。要知道，一个人越有远见，他就越有潜能。

一方面，远见会使你的工作与生活轻松愉快。

成就令人生更有乐趣。它赋予你成就感，赋予你乐趣。当那些小小的成绩为更大的目标服务时，每一项任务都成了一幅更大的图画的重要组成部分。

另一方面，远见会给你的工作增添价值。

同样的，当我们的工作是实现远见的一部分时，每一项任务都具有价值。哪怕是最单调的任务也会给你满足感，因为你看得到更大的目标正在实现。

思路突破：把眼光放得再远一点

一个想要成功的人，必须是一个具有远见的人。

缺乏远见的人可能会被等待着他们的未来弄得目瞪口呆，变化之风会把他们刮得满天飞。他们不知道会落在哪个角落，等待他们的又是什么。

如果你有远见，那么你实现目标的机会将会大大增加。美国商界有句名言："愚者赚今朝，智者赚明天。"一切成功的企业家，每天必定用 80％的时间考虑企业的明天，只用 20％的时间处理日常事务。着眼于明天，不失时机地发掘或改进产品或服务，满足消费者新的需求，就会独占鳌头，形成"风景这边独好"的局面。

　　19世纪80年代，约翰·洛克菲勒已经以他独有的魄力和手段控制了美国的石油资源，这一成就主要受益于他那从创业中锻炼出来的预见能力和冒险胆略。1859年，当美国出现第一口油井时，洛克菲勒就从当时的石油热潮中看到了这项风险事业的良好前景。他在与对手争购安德鲁斯—克拉克公司的股权中表现出了非凡的冒险精神。拍卖从500美元开始，洛克菲勒每次都比对手出价高，当达到5万美元时，双方都知道，标价已经大大超出石油公司的实际价值，但洛克菲勒满怀信心，决意要买下这家公司。当对方最后出价7.2万美元时，洛克菲勒毫不迟疑地出价7.25万美元，最终战胜了对手。

　　年仅26岁的洛克菲勒开始经营起当时风险很大的石油生意。当他所经营的标准石油公司，在激烈的市场竞争中控制了美国市场上炼制石油的90％时，他并没有停止冒险行为。19世纪80年代，利马发现一个大油田，因为含碳量高，人们称为"酸油"。当时没有人能找到一种有效的办法提炼它，因此一桶只卖15美分。洛克菲勒预见到总有一天能找到提炼这种石油的方法，坚信它的潜在价值是巨大的，所以执意要买下这个油田。当时他的这个建议遭到董事会多数人的坚决反对，洛克菲勒说："我将冒个人风险，自己出钱去购买这个油田，如果必要，拿出200万美元、300万美元。"洛克菲勒的决心终于迫使董事们同意了他的决策。结果，不到2年时间，洛克菲勒就找到了炼制这种酸油的方法，油价由每桶15美分涨到1美元，标准石油公司在那里建造了当时世界上最大的炼油厂，赢利猛增到几亿美元。

远见使人们在人类的巨大画卷中洞察到未来的情景。只有能看到别人看不见的事物的人，才能做到别人做不到的事情。远见是成功者必备的素质之一，每一个渴望成功的人都要有意识地培养自己的远见能力。

如果你认定自己不能成功，就局限了自己的远见。你应该开动脑筋，敢于有伟大的理想，试一试你的最大能力。不管出现什么问题、逆境或者障碍，只要长期不懈地努力，就能实现自己的梦想。

思路比刻苦更重要

我们无一例外地被教导过，做事情要有恒心和毅力，比如"只要努力，再努力，就可以达到目的"等的说法，我们早已十分熟悉了。如果你按照这样的准则做事，你常会不断地遇到挫折并产生负疚感。由于"不惜代价，坚持到底"这一教条的原因，那些中途放弃的人，就常被认为是"半途而废"，令周围的人失望。

正是因为这个教条，使我们即使有捷径也不去走，而去简就繁，并以此为美德，加以宣扬。正确的方法比执着的态度更重要。我们应该调整思维，尽可能用简便的方式达到目标。你应该选择用简易的方式做事。

销售经理对业务受挫的推销员经常说："再多跑几家客户！"父母对拼命读书的孩子常说："再努力一些！"但是这些建议都存在

一个漏洞。就像有人曾经问一位高尔夫球高手："我是不是要多做练习？"高尔夫球高手却回答道："不，如果你不先把挥杆要领掌握好，再多的练习也没用。"

如果有人准备学打高尔夫球这种难度极高的运动项目，他将为设备、附件、教练和训练花上大笔的金钱，他甚至还会将昂贵的球杆偶尔甩进池塘，他也常会遭受挫折。如果他学习高尔夫球的目的是成为一位高尔夫球好手，那么这些投入是十分必要的。而且他还必须持之以恒，才会达到自己的目的。

但是，如果他的目标是为了每周运动两次，减轻几千克体重并加以保持，使自己神清气爽的话，他最好放弃高尔夫球，在住宅附近快步走就足够了。如果他在拼命练习了 1 个月或 2 个月的高尔夫球之后，渐渐认识到这一点，他放弃高尔夫球，开始进行快步走的锻炼方式，我们应该怎样评价他呢？说他是一个没有恒心、半途而废的人？还是说他非常有自知之明？他是成功者抑或失败者？

总体来说，设定目标十分有意义，毕竟，对自己的人生方向有明确的认识是非常重要的。可是现实中人们总是看重如何达到目标的过程，因而失去了很多好机会。他们还认为要达到目标一定要经受大量的考验，即使有捷径可走，他们仍要选择艰辛的过程。

有一位年轻人，十多年前在一家建筑材料公司当业务员。当时公司最大的问题是如何讨账。公司产品不错，销路也不错，但产品销出去后，总是无法及时收到货款。有一位客户，买了公司 10 万元产品，但总是以各种理由迟迟不肯付款，公司派了 3 批人去讨账，都没能拿到货款。当时他刚到公司上班不久，就和另外一位姓张的员工一起，被派去讨账。他们软磨硬泡，想尽了办法，最后，客户终于同意给钱，叫他们过两天来拿。

两天后他们赶去，对方给了一张 10 万元的现金支票。他们高高兴兴地拿着支票到银行取钱，结果却被告知，账上只有 99 920 元。很明显，对方又耍了个花招，给的是一张无法兑现的支票。第二天就要放春节假了，如果不能及时拿到钱，不知又要拖延多久。

遇到这种情况，一般人可能一筹莫展了，但是这位年轻人突然灵机一动，拿出 100 元钱，让同去的小张存到客户公司的账户里去。这一来，账户里就有了 10 万元。他立即将支票兑现。当他带着这 10 万元回到公司时，董事长对他大加赞赏。之后，他在公司不断发展，5 年之后当上了公司的副总经理，后来又当上了总经理。

这个精彩的讨账故事再次证明，思路比盲目的执着精神重要。在工作中和生活中，我们不可能总是一帆风顺的，当遇到难题的时候，绝对不应该一味下蛮力去干，要多动些脑筋，看看自己的思路是不是正确。

成功的人找思路，失败的人找借口。面对困难，我们需要积极地寻找解决问题的思路，而不是用借口来敷衍。关键时候的冷静有助于发现思路，使事情有所转机，使人相信总会有柳暗花明的一天。

思路突破：寻找最优的思路

寻找解决问题的最优思路并非易事，它要求我们不断开动脑筋，不断开拓创新，同时也可以借鉴或模仿成功者的经验。下面一些寻求最优思路的途径可供借鉴：

1. 换成简单的语言

错综复杂的问题都可以分解成简单的问题或语言。

例如，总销售量是 25 873 892 美元，成本是 14 263 128 美元。

如果科长问成本占销售量的百分之几，就可以以简单方式表示，即把销售量看成是 25，把成本看成是 14，得出 14∶25。这样就可推测出成本约占销售量的 55%。无论什么问题，只要把它简单化就容易找到解决的办法。

2. 把别人的终点当作自己的起点

博古通今、多才多艺的里欧纳尔德·文奇说："不能青出于蓝的弟子，不算是好弟子。"

科学家皮耶·艾维迪也说："比起史坦因、莱兹等科学界的巨人，我们只能算是小人物。但站在巨人肩上的小人物，却能比巨人看得更远。"皮耶在钻研新课题时，常把与研究题目有关的资料收集到手，然后加以阅读和研究。

3. 学习别人的做法

比如要推出新式录音机该怎么做？假如本身缺乏这方面的经验，若完全靠自己的构思，不仅浪费时间，还会出错。经营录音机的公司总共有好几家，是消息的最好来源。但不能依样画葫芦，而是应利用先进的既有经验来完善自己的构思。不论面临什么问题，都要看看人家是怎么解决问题的，然后再加以改善。

4. 使用淘汰法

有时因为解决问题的思路过多，反而不知如何取舍。可以采取淘汰法，把不好的逐一去掉。

例如，跳舞比赛，如果一次想从舞者中选出优胜者是很困难的，因此便采取淘汰法。每次评审一组，有缺点就退场，这样陆续淘汰直至2组，最后剩下优胜的1组。当你要从几个东西中选出最喜欢的时候，把不喜欢的逐一淘汰，事情就变得容易了。

5. 向别人说明

能否提出更新更好的解决思路，这与了解问题的程度有关。为了验证自己的想法，最好将计划向第三者提出。

积极思考才有出路

思考习惯一旦形成，就会产生巨大的力量。19世纪美国著名诗人及文艺批评家洛威尔曾经说过："真知灼见，首先来自多思善疑。"

大凡成就伟大事业的人，都凭借了一种积极的思考力量，凭借着创造力、进取精神和激励人心的力量在支撑和构筑着所有成就。一个精力充沛、充满活力的人总是会创造条件使心中的愿望得以实现。要知道，没有任何事情会自动发生。

从前有个小村庄，村里除了雨水没有任何水源。为了解决这个问题，村里的人决定对外签订一份送水合同，以便每天都能有人把水送到村子里。有两个人愿意接受这份工作，于是村里的长者把这份合同同时给了这两个人。

得到合同的两个人中有一个叫艾德，他立刻行动了起来。每日奔波于几千米外的湖泊和村庄之间，用他的两只桶从湖中打水并运回村庄，并把打来的水倒在由村民们修建的一个结实的大蓄水池中。

每天早晨他都必须起得比其他村民早，以便当村民需要用水时，蓄水池中已有足够的水供他们使用。由于起早贪黑地工作，艾德很快就开始挣钱了。尽管这是一项相当艰苦的工作，但是艾德很高兴，因为他能不断地挣钱，并且他对能够拥有2份专营合同中的一份而感到满意。

另外一个获得合同的人叫比尔。令人奇怪的是，自从签订合同后比尔就消失了，几个月来，人们一直没有看见过比尔。这点令艾德兴奋不已，由于没人与他竞争，他挣到了所有的水钱。

比尔干什么去了？原来他通过积极思考做了一份详细的商业计划书，并凭借这份计划书找到了4位投资者，和比尔一起开了一家公司。6个月后，比尔带着一个施工队和一笔投资回到了村庄。花了整整一年的时间，比尔的施工队修建了一条从村庄通往湖泊的大容量的不锈钢管道。

这个村庄需要水，其他有类似环境的村庄一定也需要水。于是经过考察，比尔重新制订了他的商业计划，开始向全国的村庄推销他的快速、大容量、低成本并且卫生的送水系统，每送出一桶水他只赚1便士，但是每天他能送几十万桶水。无论他是否工作，几十万的人都要消费这几十万桶的水，而所有的这些钱便都流入了比尔的银行账户。显然，比尔不但开发了使水流向村庄的管道，还开发了一个使钱流向自己钱包的管道。

从此以后，比尔幸福地生活着，而艾德在他的余生里仍拼命地工作，最终还是陷入了"永久"的财务问题中。

多年来，比尔和艾德的故事一直指引着人们。每当人们要作出生活决策时，这个故事都能够提醒我们，"磨刀不误砍柴工"，积极的思考比苦干更重要。

纵观古今，勤奋的人不计其数，但在事业上获得成功的人却不是很多。那是因为很多人都不能积极地思考。与此相反，如果你能在日常的生活与工作中养成积极思考的习惯，你会发现人生的出路很多，成功绝对不只是梦想。

思路突破：驱除消极的思想

消极思想就像一个恶魔，其致命和深植人心的程度，较之各种形式的恐惧有过之而无不及。我们必须认真地为自己的心灵设防，保护自己不受这个恶魔的侵害。

你可以设法抵御来自劫匪的欺侮，法律为你的权益提供了保障。但消极思想这个恶魔却难对付得多，它常蹑手蹑脚悄悄来袭。它的武器是无形的，完全由心态造成，它的面貌正如人类的经验一样种类繁多。但我们必须认清它的真面目，它其实就是人本身的心态在作祟。

无论消极思想的影响是你自己造成的，还是你身边消极人物的活动所导致的，为了保护你自己，你都要有足够的意志力。运用这种意志力在心中筑起一道围墙，使你对消极思想产生免疫力。

不幸的是，对于劫匪的欺侮人们都会自觉地反抗，但对于消极思想的侵犯，却很少有人去注意。

具有消极思想的人想去说服爱迪生，让他相信造不出一种可以记录和复制人声的机器，因为从来没有人制造过这样的机器。爱迪生对此置之不理，他知道自己可以制造出任何心灵构思出来的并有理论依据的东西来。

具有消极思想的人告诉伍沃滋，如果他想开一家只卖 5 分钱、10 分钱商品的店他就会破产。伍沃滋不予理睬，他知道，只要他的计划由信心做后盾，他可以在理性的范围内办成所有的事情。最后他累积了上亿美元的资产。

你若不去主宰自己心灵，就容易被别人主宰，受到别人的消极影响。

你要远离消极思想，否则成功就遥不可及。

塞缪尔·斯迈尔斯认为，要使成功的金科玉律成为自己的法则，就必须养成肯定事物的习惯。如果不能做到这点，即使潜在意识能产生很好的作用，还是无法实现愿望。相对于肯定性的思考的就是否定性的思考。凡事以积极的方式即是肯定，而以消极的方式则是否定。

人类的思考往往容易向否定的方面发展，所以肯定思考的价值愈发重要。

有些人经常这样否定自己："凡事我都做不好"，"过去屡屡失败，这次也必然失败"，"人生毫无意义可言，整个世界只是黑暗"，"没有人肯和我结婚"，"我是个不擅交际的人"……抱有这种想法的人，往往都不快乐。

当我们向他问及此种想法由何产生时，得到的回答多半是："这是认清事实的结果。"尤其对于罹患抑郁症者而言，他们均会异口同声地说："我想那是出于不安与忧虑吧！我也拿自己没办法。"

然而，只要换一个角度去想，现实并不像你所想象的那么糟。例如，有些人会想："我虽然一无是处，但也过得自得其乐，不是

吗？"有了乐观而积极的想法，肯定自我，你才会找到新的方向和
意义。

第二章

格局决定布局，布局决定结局

格局决定布局，布局决定结局。多大的网，就决定捉多大的鱼；一个人有多大的目标，就决定他有多大的成就；他有多大的心胸，就决定他有多大的成功。既然如此，为什么不用一个大网？为什么不设定一个大的目标？为什么不有一个大的胸怀？大目标决定大格局，大格局决定大结局。

走出囚禁思维的栅栏

每个人都会有"自身携带的栅栏"，若能及时地从中走出来，实在是一种可贵的警悟。独一无二的创新精神，勇于进取，绝不自损、自贬，在学习生活中勇于独立思考，在日常生活中善于注入创意，在职业生活中精于自主创新，正是能够从自我囚禁的"栅栏"里走出来的鲜明标志。形成创造力自囚的"栅栏"，通常有其内在的原因，是由于思维的知觉性障碍、判断力障碍以及常规思维的惯性障碍所导致的。知觉是接受信息的通道，知觉的领域狭窄，通道自然受阻，创造力也就无从激发。这条通道要保持通畅，才能使信息流丰盈、多样，使新信息、新知识的获得成为可能，使信息检索能力得到锻炼，不断增长其敏锐的接受能力、详略适度的筛选能力和信息精化的提炼能力，这是形成创新心态的重要前提。判断性障碍大多产生于心理偏见和观念偏离。要使判断恢复客观，首先需要矫正心理视觉，使之采取开放的态度，注意事物自身的特性而不囿于固有的见解或观念。这在新事物迅猛增殖、新知识快速增加的当今时代，尤其值得重视。

要从自囚的"栅栏"走出来，还创造力以自由，首先就要还思维状态以自由，突破常规思维。在此基础上，对日常生活保持开放的、积极的心态，对创新世界的人与事，持平视的、平等的姿态，对创造活动，持成败皆为收获、过程才最重要的精神状态。这样，我们将有望形成十分有利于创新生涯的心理品质，并且及时克服内在消极因素。

思路突破：破旧立新，才会变得更好

成功的人往往是一些不那么"安分守己"的人，他们绝对不会因取得一些小的成绩而沾沾自喜，不会因为获得一点小成功就停下继续前行的脚步。因此，只有突破旧我，才能获得又一次的蜕变，人生才会呈现更好的局面。

一位雕塑家有一个12岁的儿子。儿子要爸爸给他做几件玩具，雕塑家只是慈祥地笑笑，说："你自己不能动手试试吗？"

为了制好自己的玩具，孩子开始注意父亲的工作，常常站在工作台边观看父亲运用各种工具，然后模仿着运用于玩具制作。父亲也从来不向他讲解什么，放任自流。

一年后，孩子初步掌握了一些制作方法，玩具造得颇像个样子。这样，父亲偶尔会指点一二。但孩子脾气倔，从来不将父亲的话当回事，我行我素，自得其乐。父亲也不生气。

　　又一年，孩子的技艺显著提高，可以随心所欲地摆弄出各种人和动物形状。孩子常将自己的"杰作"展示给别人看，引来诸多夸赞。但雕塑家总是淡淡地笑，并不在乎。

　　有一天，孩子存放在工作室的玩具全部不翼而飞，父亲说："昨夜可能有小偷来过。"孩子没办法，只得重新制作。

　　半年后，工作室再次被盗。又半年，工作室又失窃了。孩子有些怀疑是父亲在捣鬼：为什么从不见父亲为失窃而吃惊、防范呢？

　　一天夜晚，儿子夜里没睡着，见工作室灯亮着，便溜到窗边窥视，只见父亲背着手，在雕塑作品前踱步、观看。好一会儿，父亲仿佛做出某种决定，一转身，拾起斧子，将自己大部分作品打得稀巴烂！接着，父亲将这些碎土块堆到一起，放上水重新混合成泥巴。孩子疑惑地站在窗外。这时，他又看见父亲走到他的那批小玩具前。父亲拿起每件玩具端详片刻，然后，将儿子所有的自制玩具扔到泥堆里搅和起来！当父亲回头的时候，儿子已站在他身后，瞪着愤怒的眼睛。父亲有些羞愧，吞吞吐吐道："我，是，哦，是因为，只有砸烂较差的，我们才能创造更好的。"

　　10年之后，父亲和儿子的作品多次同获国内外大奖。

　　父亲不愧是位雕塑家，他不但深谙雕塑艺术品的精髓，更懂得如何雕塑儿子的"灵魂"。每一个渴望成功的人都必须谨记：只有不断突破自我，超越以往，你才能开创出更美好、更辉煌的人生。

不按常理出牌

创新作为一种最灵动的精神活动，最忌讳的就是呆板和教条，任何形式的清规戒律，都会束缚其手脚，使其无法大展所长。只有敢于打破常规、标新立异的人，才能真正有所作为，才能敞开胸怀拥抱成功。

天才大都是能够自创法则的人。随着时代的发展，尤其是网络的普及，在如今瞬息万变的现代社会中，传统和经验的意义已经远远没有过去那么重要了。时代更加突出了创新的意义，创新比经验更重要！

对于年轻人来说，更是如此。年轻人要想成功，就必须敢于标新立异，推陈出新。在这里，美国商界奇才尤伯罗斯为我们做出了一个很好的榜样。

1984 年以前的奥运会主办国，几乎是"指定"的。对举办国而言，往往是喜忧参半。能举办奥运会，自然是国家、民族的荣誉，还可以乘机宣传本国形象，但是以新场馆建设为主的大规模硬件、软件投入，又将使政府负担巨大的财政赤字。1976 年加拿大主办蒙特利尔奥运会，亏损 10 亿美元，当时预计这一巨额债务到 2003 年才能还清；1980 年，苏联莫斯科奥运会总支出达 90 亿美元，具体债务更是一个天文数字。奥运会几乎变成了为"国家民族利益"而举办，为"政治需要"而举办。赔本已成奥运会定律。

鉴于其他国家举办奥运会的亏损情况，洛杉矶市政府在得到主办权后即作出一项史无前例的决议：第 23 届奥运会不动用任何公用基金，因此开创了民办奥运会的先河。

尤伯罗斯接手奥运之后，发现组委会竟连一家皮包公司都不如，没有秘书，没有电话，没有办公室，甚至连一个账号都没有。一切都得从零开始，尤伯罗斯决定破釜沉舟。他以1060万美元的价格将自己的旅游公司股份卖掉，开始招募雇佣人员，把奥运会商业化，进行市场运作。

第一步，开源节流。

尤伯罗斯认为，自1932年洛杉矶奥运会以来，规模大、虚浮、奢华和浪费成为时尚。他决定想尽一切办法节省不必要的开支。首先，他本人以身作则不领薪水，在这种精神感召下，有数万名工作人员甘当义工；其次，沿用洛杉矶现成的体育场；最后，把当地的3所大学宿舍做奥运村。仅后两项措施就节约了十几亿美元。

第二步，举行声势浩大的"圣火传递"活动。

奥运圣火在希腊点燃后，在美国举行横贯美国本土的1.5万千米圣火接力跑。用捐款的办法，谁出钱谁就可以举着火炬跑上一程。全程圣火传递权以每千米3000美元出售，1.5万千米共售得4500万美元。尤伯罗斯实际上是在卖百年奥运的历史、荣誉等巨大的无形资产。

第三步，别具一格的融资、赢利模式。

尤伯罗斯创造了别具一格的融资和盈利模式，给奥运会为主办方带来了滚滚财源。尤伯罗斯出人意料地提出，赞助金额不得低于500万美元，而且不许在场地内包括其空中做商业广告。这些苛刻的条件反而刺激了赞助商的热情。一家公司急于加入赞助，甚至还没弄清所赞助的室内自行车比赛程序如何，就匆匆签字。尤伯罗斯最终从150家赞助商中选定30家。此举共筹到1.17亿美元。

最大的收益来自独家电视转播权转让。尤伯罗斯采取美国三大电视网竞投的方式。结果，美国广播公司以 2.25 亿美元夺得电视转播权。尤伯罗斯又首次打破广播电台免费转播奥运会比赛的惯例，以 7000 万美元把广播转播权卖给了美国、欧洲及澳大利亚的广播公司。

门票收入，通过强大的广告宣传和新闻炒作，也取得了历史最高水平。

第四步，出售与本届奥运会相关的吉祥物和纪念品。

尤伯罗斯联合一些商家，发行了一些以本届奥运会吉祥物山姆鹰为主要标志的纪念品。通过这 4 步卓有成效的市场运作，在短短的十几天内，第 23 届奥运会总支出 5.1 亿美元，盈利 2.5 亿美元，是原计划的 10 倍。尤伯罗斯本人也得到 47.5 万美元的红利。在闭幕式上，时任国际奥委会主席的萨马兰奇向尤伯罗斯颁发了一枚特别的金牌，报界称此为"本届奥运会最大的一枚金牌"。

突破是创新的核心。创新不是对过去的简单重复和再现，它没有现成的经验可借鉴，也没有现成方法可套用，它是在没有任何经验的情况下去努力探索的。

在通常情况下，人们按照自己的常规思路，经历了千万次的试验，还是没有取得成功；有时取得成功却全不费工夫。这种突然而至的东西就往往包含着意想不到的创造性，甚至会迫使人们放弃以前数年辛苦得来的成果。当你处于"山重水复疑无路"的境况时，建议你不妨打破常规不按常理出牌。这样，你才有可能在相反的方向很容易地找到问题的答案。

思路突破：在常规的基础上另辟蹊径

对于成功者来说，经验与创新是相辅相成、缺一不可的。我们不能厚此薄彼，而应在创新的同时仍然要重视常规的经验，并且在常规的基础上寻求突破创新。

下面的方法有助于你另辟蹊径，从成功的经验中得到启示。

1. 能在平常的事情上思考求变

能够另辟蹊径的人，其思维富有创造性，善于从习以为常的事物中图新求异，去认识世界，改造世界。

2. 不为现行的观点、做法、生活方式所牵制

巴尔扎克说："第一个把女人比作花的是聪明人，第二个再这样比喻的人就是庸才，第三个人则是傻子了。"

现行的汽车防盗系统国内外已有不少，许多厂家使尽浑身解数仍然不尽如人意。总参某炮兵研究所青年工程师杨文昭在广泛吸取国内外同类产品优点的同时，大胆创新，另辟蹊径，运用双密码保险、抗强电磁干扰、无电源持续报警和声控自动熄火等新技术，研究出了汽车防盗系列产品，被定为首家"国际"产品。敢于向现行的成果和规则挑战，使杨文昭获得了机会，也获得了成功。

3. 学习他人，超越他人

抱着"他山之石可以攻玉"的想法，盲目模仿他人的经验，并不能获得成功。要养成独立思考的习惯，自己在观察事物、观察别人成功经验的同时，要独创出自己之所见。

4. 别出心裁，有自己独到的见解

"大家都想到一块去了"，这并非都是良策。例如，现在满天飞

的广告词尽是"实行三包""世界首创""享誉天下",但效果如何呢？美国一家打字机厂家的广告语"不打不相识",一语双关,顾客纷至沓来。

挣脱"自我设限"

科学家做过一个实验:把跳蚤放在桌子上,然后一拍桌子,跳蚤条件反射地跳起来,跳得很高。然后科学家在桌子的上方放一块玻璃罩后,再拍桌子,跳蚤再跳撞到了玻璃。跳蚤发现有障碍,就开始调整自己的高度。科学家把玻璃罩往下压,然后再拍桌子;跳蚤再跳上去,再撞上去,再调整高度。就这样,科学家不断地调整玻璃罩的高度,跳蚤就不断地撞上去,不断地调整高度。直到玻璃罩与桌子高度几乎相平。这时,把玻璃罩拿开,再拍桌子,这时跳蚤已经不会跳了,变成了"爬蚤"。

跳蚤之所以变成"爬蚤",并非是它已丧失了跳跃能力,而是由于一次次受挫使它学乖了。它为自己设了一个限,认为自己永远也跳不出去,而后来尽管玻璃罩已经不存在了,但玻璃罩已经"罩"在它的潜意识里,罩在心上,变得根深蒂固。行动的欲望和潜能被固定的心态扼杀了,它认为自己永远丧失了跳跃的能力。这也就是我们所说的"自我设限"。

你是否也有类似的遭遇?生活中,一次次的受挫、碰壁后,奋发的热情、欲望就被"自我设限"压制、扼杀。对失败惶恐不安,却又习以为常,丧失了信心和勇气,渐渐养成了懦弱、犹豫、害怕承担责任、不思进取、不敢拼搏的习惯,成为你内心的一种限制。

一旦有了这样的习惯，你将畏首畏尾，不敢尝试和创新，随波逐流，与生俱来的成功火种也就随之熄灭了。

要挣脱自我设限，关键在自己。西方有句谚语说得好："上帝只拯救能够自救的人。"成功属于愿意成功的人。如果你不想去突破，挣脱固有想法对你的限制，那么，没有任何人可以帮助你。不论你过去怎样，只要你调整心态，明确目标，乐观积极地去行动，那么你就能够扭转劣势，更好地成长。

丹尼斯加入某保险公司快一年了，他始终忘不了工作第一天打的第一个电话。当他热情地拨通电话，联络自己的第一个客户时，没想到他刚说明了自己的工作身份，对方就非常生硬地打断了他的话，不但拒绝了他的推销，更是将他骂了一顿，声称自己身体很好，不需要什么保险。从那以后，再打电话推销时，丹尼斯心中便有了阴影，说话没有任何立场，讲解吞吞吐吐，自然没有人愿意向他买保险。他心里的阴影越来越大，他甚至不再愿意去摸电话。工作近一年的时间，他一份保单都没有签成。他开始想，自己或许并不适合这份工作，自己的口才不好，没有打动别人的能力，他灰心极了。经理鼓励他要自己给自己机会，没有谁生来就注定成功，也没有人会一直失败。听了经理的话，丹尼斯鼓足勇气，决定搏一搏。丹尼斯找出一个曾经联系过却被拒绝的客户的资料，仔细研究他的需要，选择了一份适合他的险种。一切准备妥当后，他拨通了对方的电话，他的自信和真诚征服了那个客户，对方买下了他推销的保险。丹尼斯终于打破了自我设限，尝到了成功的滋味。

其实，自我设限远没有你想象得那样恐怖，更不是牢不可破的。只要你摒弃固有的想法，尝试着重新开始，你便会对以前的忧虑和消极的态度报以自嘲。

思路突破：唤醒心中的巨人

在生活中，有无数人是在阅读一本激励人心的书或是一篇感人至深的励志美文时突然感到灵光一闪，蓦地发现了一个崭新的自我。如果没有这样的书或文章，他们可能会永远对自身的真实能力懵懂无知。任何能够使我们真正认识自己、能够唤醒我们全部潜能的东西都是无价之宝。

问题在于，我们中绝大多数人从来没有被唤醒过，或者是直到晚年才真正认识自身的能力——但往往是为时已晚，再也不可能有大的作为了。因此，非常重要的一点就是，我们在年轻时就应当对自身的潜能有一个清醒的认识，唯其如此，我们才能有效地发掘生命的潜力，在最大意义上实现自我的价值。

大多数人在撒手人寰、离开这个世界时，还有相当大的一部分潜能压根就没有被开发。他们只是使用了自身能力中很小的一部分，而其他更珍贵的能力财富却白白地闲置在那儿，原封未动。

因此，最大化地开发一个人的潜能，已成为每个人一生要面对的重要命题。那么，如何才能让潜能淋漓尽致地开发出来呢？其实，潜能开发的途径有许多，但从成功学的角度而言，主要有4个方面，即"诱、逼、练、学"。

1."诱"就是引导

寻求更大领域、更高层次的发展，是人生命意识里的根本需求。"这山望着那山高""喜新厌旧"是人的本性。因此，具有主体自觉意识的自我，有理性的自我，是绝不愿意停留在任何一种狭小的、有限的状态之中的，而总是想要不断开拓以取得更大的发展和成功，从而更好地生存。这种炽热的、旺盛的发展需要，是成功渴望的表现，是潜能蓄势待发的前兆。只要对这种发展意识给予有益的暗示、引发、规划和培育，就能很好地激发、释放潜能。

2. "逼"就是逼迫

人是一个复杂的矛盾体，既有求发展的需要，又有安于现状、得过且过的惰性。能够卧薪尝胆、自我警醒的人少之又少。更多的人需要的是鞭策和当头棒喝式的触动，而"逼"就是"最自然"的好办法。人们常说的"压力就是动力"，就是这个意思。

因此，被逼不是"无奈"，被逼是福。

逼自己，就是战胜自己，必须比自己的过去更新；逼自己，就是超越竞争，必须比别人更新。别人想不到，我要想到；别人不敢想，我敢想；别人不敢做，我来做；别人认为做不到，我一定要做到。潜能的力量，是巨大的！人的潜能也遵循着"马太效应"，越开发使用就越多越强。

3. "练"就是练习

此处特指专家为开发人的潜能而专门设计的练习、题目、测验、训练，如脑筋急转弯、一分钟推理等，多做有益。另外，还包括"潜意识理论与暗示技术""自我形象理论与观想技术""成功原则和光明技术""情商理论与放松入静技术"等。

4. "学"就是学习

学习是增加潜能基本储量及促使潜能发挥的最佳方法。知识丰富必然联想丰富，而智力水平正是取决于神经元之间信息连接的面和信息量。

在认识了你的潜能之后，你就必须去开发、挖掘你的潜能。只要你对自己有足够的信心，那么你就能够将这种潜能发挥到极致。

废除无谓的执着

创新，就是以变化自己为途径，通向成功。哲学家讲："你改变不了过去，但你可以改变现在；你想要改变环境，就必须首先改变自己。"

种子落在土里长成树苗后最好不要轻易移动，一动就很难成活。而人就不同了，人有脑子，遇到了问题可以灵活地处理，用这个方法不成就换一个方法，总有一个方法是对的。做人做事要学会创新，不能太死板，要具体问题具体分析。前面已经是悬崖了，难道你还要跳下去吗？不要被经验束缚了头脑，要冲出惯性思维的藩篱。执着很重要，但盲目的执着是不可取的。

有这样一个故事：

村庄里有一位对上帝非常虔诚的牧师，40年来，他照管着教区所有的人，施行洗礼，举办葬礼、婚礼，抚慰病人和孤寡老人，是一个典范的圣人。有一天下起雨来，倾盆大雨连续不停地下了20天，水位高涨，迫使老牧师爬上了教堂的屋顶。正当他在那里浑身颤抖时，突然有个人划船过来，对他说道："神父，快上来，我把你带到高地。"

牧师看了看他，回答道："40年来，我一直按照上帝的旨意做事，我施行洗礼，举办葬礼，抚慰病人和孤寡老人，我一年只休一个星期的假期，而在这一个星期的假期中，你知道我干什么去了？我去了一家孤儿院帮助做饭。我真诚地相信上帝，因为我是上帝的仆人，因此你可以驾船离开，我将停留在这里，上帝会救我的。"

那人划着船离去了。两天之后，水位涨得更高，老牧师紧紧地抱着教堂的塔顶，水在他的周围打着转。这时，一架直升机来了，飞行员对他喊道："神父，快点，我放下吊架，你把吊带在身上绑好，我们将把你带到安全地带。"对此老牧师回答道："不，不。"他又一次讲述了他一生的工作和他对上帝的信仰。这样，直升机也离去了，几个小时之后，老牧师被水冲走，淹死了。

因为是一个好人，他直接升入天堂。他对自己最后的遭遇颇为生气，来到天堂时，情绪很不好。他气冲冲地在天堂中走着，突然间碰到了上帝，上帝惊讶地看着他，说道："麦克唐纳神父！多令人惊奇！"对此，老牧师凝视着上帝，说："哦！惊奇，是吧？40年来，我遵照你的旨意做事，有过之而无不及，而当我最需要你的时候，你却让我被淹死了。"

上帝回望着他，迷惑不解地说："你被淹死了？我不相信，我确信我给你派去了一条船和一架直升机。"

俗话说："变则通，通则久！"所以在生活中，人应该学着变通，不能死钻牛角尖，此路不通就换条路，千万不能一条路走到黑，生活不是一成不变的，人也应该求新求变。

记载商鞅思想言论的《商君书》中有一段名言：聪明的人创造法度，而愚昧的人受法度的制裁；贤人改革礼制，而庸人受礼制的约束。圣人创造"规矩"，开创未来，常人遵从"规矩"，重复历史。为什么孔子是圣人，而他的三千弟子不是？原因就在于思想是否解放，是否敢于创新，敢于自主地、实事求是地思考分析问题。

许多成功人士一生不败，关键就在于用了为人处世的创新之道，进退之时，都超人一等，让他人暗自佩服，以之为师。

学会为人处世的创新之道不是"空头支票"，而是决定你能否从人群中脱颖而出的第一关键；凡不知为人处世的创新之道者，一定会在许多重要时刻碰得头破血流，跌入失败之境地。

学会创新，是做人做事的诀窍。尤其是当你身处困境之时，灵活创新的能力能为你带来成功的机会。

思路突破：换个角度去思考

在生活和工作中，当我们遇到障碍，经过努力仍然没有进展的时候，就要想想是不是可以从其他角度来解决这一问题。换个角度去思考问题，往往能将你带到一个柳暗花明的新境界。在面对这个问题时，不能只是盲目的执着，也不能只从问题的直观角度去思考，要不断挖掘自己的潜力，从不同的角度寻找解决问题的办法，这样往往就会使问题出现新的转机。

下面的这个故事就阐释了这个道理。

杨亮是一家大公司的高级主管，他面临一个两难的境地。一方面，他非常喜欢自己的工作，也很喜欢工作带来的丰厚薪水——他的位置使他的薪水只增不减。但是，另一方面，他非常讨厌他的上司，经过多年的忍受，他发觉自己已经到了忍无可忍的地步了。在经过慎重思考之后，他决定去猎头公司重新谋求一个别的公司高级主管的职位。猎头公司告诉他，以他的条件，再找一个类似的职位并不费劲。

回到家中，杨亮把这一切告诉了他的妻子。他的妻子是一个教师，那天刚刚教学生如何重新界定问题，也就是把你正在面对的问题换一个角度考虑。把正在面对的问题完全颠倒过来看——不仅要跟你以往看这问题的角度不同，也要和其他人看这问题的角度不同。她把上课的内容讲给了杨亮听，杨亮听了妻子的话后，一个大胆的主意在他脑中浮现了。

第二天，他又来到猎头公司，这次他是请猎头公司替他的上司找工作。不久，杨亮的上司接到了猎头公司打来的电话，请他去别的公司高就。尽管他完全不知道这是他的下属和猎头公司共同努力的结果，但正好这位上司对于自己现在的工作也厌倦了，所以没有考虑多久，他就接受了这份新工作。

这件事最奇妙的地方，就在于上司接受了新的工作，结果他目前的位置就空出来了。杨亮申请了这个位置，于是他就坐上了以前他上司的位置。

在这个故事中，杨亮本意是想替自己找份新工作，以躲开令自己讨厌的上司。但他的妻子让他懂得了如何从不同的角度考虑问题。结果，他不仅仍然干着自己喜欢的工作，而且摆脱了令自己无法忍受的上司，还得到了意外的升迁。

作为有理想、有抱负的现代人，我们应努力培养自己突破创新的能力。这就需要我们在平常的工作生活中，不断搜集各种信息，对于身边发生的一切事情，都必须从不同的角度去思考，发掘一切机会，这样才有可能在自己的工作和事业上开创出一片新的局面。

第三章

只有想不到，没有做不到

这个世界上没有做不到的事，只有还没有想到的事。大多数人认为不可能的事，少数人却做到了，因此成功的总是少数人。想法决定做法，思路决定出路。目标越高，成功越快。只有想别人之不敢想，为别人之不敢为，才能把不可能变为可能。

不断创新，成功就会降临

不断创新，成功才会降临到你的头上。如果你一直守成不变，那你就永远也不可能成功。

日本有一家需高脑力劳动的公司。公司上层发现员工一个个萎靡不振，面色憔悴。经咨询多方专家后，他们采纳了一个最简单而别致的治疗方法——在公司后院中用圆滑光润的 800 个小石子铺成一条石子小道。每天上午和下午分别抽出 15 分钟时间，让员工脱掉鞋在石子小道上随意行走散步。起初，员工们觉得很好笑，更有许多人觉得在众人面前赤足很难为情，但时间一久，人们便发现了它的好处，原来这是极具医学原理的物理疗法，能起到一种按摩作用。

一个年轻人看了这则故事，便开始着手进行他的生意。他请专业人士指点，选取了一种略带弹性的塑胶垫，将其截成长方形，然后带着它回到老家。老家的小河滩上全是光洁漂亮的小石子。在石料厂将这些拣选好的小石子一分为二，一粒粒稀疏有致地粘满胶垫，干透后，他先上去反复试验感觉，反复修改了好几次后，确定了样品，然后就在家乡批量生产。后来，他又把它们分为好几个规格。产品一生产出来，他便尽快将产品鉴定书等手续一应办齐，然后在一周之内就把能代销的商店全部上了货。将产品送进商店只完成了销售工作的一半，另一半则是要把这些产品送进顾客手里。随后的半个月内，他每天都派人去做免费推介员。商店的代销稳定后，他又开拓了一项上门服务：为大型公司在后院中铺设石子小道；为幼儿园、小学在操场边铺设石子乐园；为家庭装铺室内石子过道、石子浴室地板、石子健身阳台等。一块本不起眼的地方，一经装饰便成了一块小小的乐园。

紧接着，他将单一的石子变换为多种多样的材料，如七彩的塑料、珍贵的玉石，以满足不同人士的需要。

800 粒小石子就此铺就了一个人的成功之路。

不要担心自己没有创新能力，慧能和尚说："下下人有上上智。"创新能力与其他能力一样，是可以通过教育、训练而激发出来并在实践中不断得到提高的。它是人类共有的可开发的财富，是取之不尽、用之不竭的"能源"，并非为哪个人、哪个民族、哪个国家所专有。

因此，人人都能创新。

你现在需要做的就是不断激发自己的创新能力，多一些想法，多一些创造，那么成功迟早会来临。

思路突破：培育创新能力

培育创新能力要克服创新障碍，更要懂得方法。该如何培育创新能力呢？下面的 4 个步骤将给你提供帮助。

1. 全面深入地探讨创新环境

创新不是在真空中产生，而是来自艰苦的工作、学习和实践的。如果你正为一项工作绞尽脑汁，想在这个具体的问题上有所建树。那么，你需要全身心地投入到这项工作中，对其关键的问题和环节做深入的了解，对这项工作进行批判的思考，通过与他人讨论来搜集各种各样的观点，思考你自己在这个领域的经验。总之，要全面深入地探讨创新环境，为创新准备"土壤"。

2. 让脑力资源处于最佳状态

在对创新环境有了全面的认识之后，就可以把你的精力投入到手头的工作上来了。要为你的工作专门腾出一些时间，这样你就能不受干扰，专注于你的工作了。当人们专注于创新的这个阶段时，他们一般就完全意识不到发生在他们周围的事，也没有了时间的概念。当你的思维处于这种最理想的状态时，你就会竭尽全力地做好你的工作，挖掘以前尚未开发的脑力资源———一种深入的、"大脑处于最佳工作状态"的创新思路。

让脑力资源处于最佳状态，对于"思想做好准备"是很必要的，我们可以通过以下几种方式来做到让脑力资源处于最佳状态。

（1）调节。

当我们进入教堂，我们就会使自己适应这里的气氛，表现出专注和认真。你可以用同样的方式来调节你在学习环境中的注意力，在选择学习环境时，要考虑到它是否有利于你专心。

（2）心理习惯。

每个人都具有大量的习惯性的行为，有的行为是积极的，有的则是消极的，大多数则居于两者之间。学习需要全身心地集中和投入，这意味着你要改掉影响全身心投入的坏习惯，如同时总想做好几件事，或用有限的时间去完成很重要的任务。同时，要使脑力资源处于最佳状态，还包括要养成新的心理习惯：找一个合适的地方，调配足够的时间，以及进行认真的和有创意的思考。这些新的习惯可能需要你付出更大的努力，耗费更大的心血，但是，这些行为很快就会成为你自然的和本能的一部分。

（3）冥想。

大脑充斥着思想、感情、记忆、计划——所有这一切都在竞争，想引起你的注意。在你整日沉浸于来自方方面面的刺激，需要从身心上做出反应时，这种大脑"吵架"的现象更为严重。为了专注于创新，你需要净化和清·你的大脑。做到这一点的一个有效的方法就是做冥想练习。

3. 运用技巧促使新思维产生

创新的思考要求你的大脑松弛下来，在不同的事情之间寻找联系，从而产生不同寻常的可能性。为了把自己调整到创新的状态上来，你必须从你熟悉的思考模式，以及对某事的固定成见中摆脱出来。为了用新的观点看问题，你必须能打破看问题的习惯方式。为了避免习惯的束缚，你可以用以下几种技巧来活跃你的思维。

（1）群策攻关法。

群策攻关法是艾利克斯·奥斯伯恩于 1963 年提出的一种方法：与他人一起工作从而产生独特的思想，并创造性地解决问题。在一个典型的群策攻关期间，一般是一组人在一起工作，在一个特定的时间内提出尽可能多的思想。提出了思想和观点以后，并不对它们进行判断和评价，因为这样做会抑制思想自由流动，阻碍人们提出建议。批判的评价可推迟到后一个阶段。应鼓励人们在创造性地思考时，善于借鉴他人的观点，因为创造性的观点往往是多种思想交互作用的结果。你也可以通过运用你思想的无意识的流动，以及你大脑自然而然的联想力，迸发出你自己的思想火花。

（2）创造"大脑图"。

"大脑图"是一个具有多种用途的工具，它既可用来提出观点，也可用来表示不同观点之间的多种联系。你可以这样来开始你的"大脑图"：在一张纸的中间写下你主要的专题，然后记录下所有你能够与这个专题有联系的观点，并用连线把它们连起来。让你的大脑自由地运转，跟随这种建立联系的活动。你应该尽可能快地思考，不要担心次序或结构，让其自然地呈现出结构，要反映出你的大脑自然地建立联系和组织信息的方式。一旦完成了这个过程，你能够很容易地在新的信息和你不断加深理解的基础上，修改其结构或组织。

4. 留出充裕的酝酿时间

把精力专注于你的工作任务之后，创新的下一个阶段就是停止你的工作，为创新思想留出酝酿时间。虽然你的大脑已经停止了积极的活动，但是，你的大脑仍在继续运转——处理信息，使信息条理化，最终产生创新的思想和办法。这个过程就是大家都知道的"酝酿成熟"的阶段，因为它反映了创新思维的诞生过程。当你在从事你的工作时，你从事创新的大脑仍在运转着，直到豁然开朗的那一刻，酝酿成熟的思想最终会喷薄而出，出现在你大脑意识层的表面上。最常见的情况是这样的，当参加一些与某项工作完全无关的活动时，这个豁然开朗的时刻常会来临。

换一个角度，换一片天地

有这样一则故事：

人们听说有位大师花费几十年来练就了移山大法，于是有人找到这位大师，央求他当众表演一下。大师在一座山的对面坐了一会儿，就起身跑到山的另一面，然后说表演完了。众人大惑不解。大师微微一笑，说道："事实上，这世上根本就没有什么移山大法，唯一能够移动山的方法就是：山不过来，我就过去。"

有时候，人只要稍微改变一下思路，人生的前景、工作的效率就会大为改观。

当人们遇到挫折的时候，往往会这样鼓励自己："坚持就是胜利。"有时候，这会让我们陷入一种误区：一意孤行，不撞南墙不回头。因此，当我们的努力迟迟得不到结果的时候，就要学会放弃，要学会改变一下思路。其实细想一下，适时地放弃不也是人生的一种大智慧吗？改变一下方向又有什么难的呢？

一位中国商人在谈到卖豆子时，显示出了一种了不起的激情和智慧。

他说：如果豆子卖得动，直接赚钱好了。如果豆子滞销，分3种办法处理：

第一，将豆干沤成豆瓣，卖豆瓣。

如果豆瓣卖不动，腌了，卖豆豉；如果豆豉还卖不动，加水发酵，改卖酱油。

第二，将豆子做成豆腐，卖豆腐。

如果豆腐不小心做硬了，改卖豆腐干；如果豆腐不小心做稀了，改卖豆花；如果实在太稀了，改卖豆浆。如果豆腐卖不动，放几天，改卖臭豆腐；如果还卖不动，让它长毛彻底腐烂后，改卖腐乳。

第三，让豆子发芽，改卖豆芽。

如果豆芽还是滞销，再让它长大点，改卖豆苗；如果豆苗还卖不动，再让它长大点，干脆当盆栽卖，命名为"豆蔻年华"，到城市里的各间大中小学门口摆摊和到白领公寓区开产品发布会，记住这次卖的是文化而非食品。如果还卖不动，建议拿到适当的闹市区进行一次行为艺术创作，题目是"豆蔻年华的枯萎"，记住以旁观者身份给各个报社写个报道，如成功可用豆子的代价迅速成为行为艺术家，并完成另一种意义上的资本回收，同时还可以拿点报道稿费。如果行为艺术没人看，报道的稿费也拿不到，赶紧找块地，把豆苗种下去，灌溉施肥，3个月后，收成豆子，再拿去卖。

如上所述，循环一次。经过若干次循环，即使没赚到钱，豆子的囤积相信不成问题，那时候，想卖豆子就卖豆子，想做豆腐就做豆腐！

换个思路，换个角度，变通一下，总会有新的方向和市场。一条路走到黑只会是头破血流，不妨绕道而行，自己的状况也会取得突破。

思路突破：拓展思维的新视角

对于每个人来说，思维定式使头脑忽略了定式之外的事物和观念。而根据社会学、心理学和脑科学的研究成果来看，思维定式似乎是难以避免的。不过经实验证明，人类通过科学的训练还是能够从一定程度上削弱思维定式的强度的，那么，这种训练方法是什么呢？答案是：尽可能多地增加头脑中的思维视角，拓展思维空间。

美国创造学家奥斯本是"头脑风暴法"的发明人。为了促进人们大胆进行创造性的想象、提出更多的创造性设想，奥斯本提出了著名的思想原则，以激励人们形成"激烈涌现、自由奔放"的创造性风格。

1. 自由畅想原则

自由畅想原则指思维不受限制，已有的知识、规则、常识等种种限定都要打破，使思维自由驰骋。破除常规，使心灵保持自由的状态，对于创造性想象是至关重要的。

例如，从事机械行业的人习惯于用车床切割金属。在车床上直接切割的部件是车刀，它当然要比被切割的金属坚硬。那么，切割世界上已知最硬的东西该怎么办呢？显然无法制出更硬的车刀，于是，善于进行自由畅想的技师发明了电焊切割技术。

2. 延迟评判原则

延迟评判原则指在创造性设想阶段，避免任何打断创造性构思过程的判断和评价。日本一家企业的管理者在给下属布置任务时指出：只要是有关业务的合理性建议，一律欢迎，不管多么可笑，想说就说出来。但他强调，绝不允许批评别人的建议。虽然开始大家有些拘谨，但后来气氛越来越活跃。结果，征集到了100多条合理性建议，企业的发展因此出现了大幅度的飞跃。

3. 数量保障质量原则

数量保障质量原则指在有限的时间内，提出一定的数量要求，会给设想的人造成心理上的适当压力，往往会减少因为评判、害怕而造成的分心，提出更多的创造性设想。在实践中，奥斯本发现，创造性设想提得越多，有价值的、独特的创造性设想也越多，创造性设想的数量与创造性设想的质量之间是有联系的。数量保障质量原则就是利用了这一规律。

4. 综合完善原则

综合完善原则指对于提出的大量的不完善的创造性设想，要进行综合和进一步加工完善的工作，以使创造性设想更加完善和能够实施。

奥斯本的4项原则，虽然是用于小组创造活动的，但是，这4条原则保障创造性设想过程能够顺利进行。因此，对于个人进行创造性思维的启发是巨大的。

善于打破游戏规则

研究营销管理的专家们曾经提出过一个观点：竞争会造成限制。这个意思是说，传统上一般人习惯用"硬碰硬"的方式与人正面竞争，但是这种短兵相接的方式并不见得是最有效的制胜之道。因为当你正面去竞争的时候，等于你完全认同这个游戏，并愿意遵守某些固定的规则与观念，你的思想就会受制于某一个框框，反而阻碍你发挥自己的创造力。

绝大多数人宁愿相信，遵守既定规则是非常重要的概念，否则，如果人人都想打破规矩，岂不是天下大乱？然而，管理专家强调，这只是一种鼓励突破思考的方法，让你更精确、有效地达到目标。换句话说："要打破的是规则，而不是法律。"

在通常情况下，具有突破性思维的人，他们和行业规则格格不入，对每件事都产生质疑，不喜欢墨守成规，偏爱自由闯荡。

专门从事运动心理学研究的美国斯坦福大学教授罗伯特·克利杰在他的著作《改变游戏规则》中指出："在运动场上，很多运动员创造的佳绩，都是因为打破了传统的比赛方法。"杰出的运动员普遍具有这种"改变游戏规则"的特征。

根据罗伯特·克利杰的结论：突破思考是一种心态，可以鼓励人不断学习，不停地创造。所以，如果你想改变习惯，尝试新的挑战，那就突破规则，改变游戏方法吧！

所谓改变游戏规则，就是要掌握主控权。要改变规则不难，关键在于有没有求变的决心。一般人遇到没有把握的状况常会犹豫，所以说人最大的敌人是自己。通常情况下，你决定"变"还是"不变"的标准是，如果你从以前的经验中找不到任何成功的例子，你就做最坏的打算——可以赔多少？只要赔得起你就做，更何况你可能会赢。

是否求变，还有一个规则：越是有许多人说不，就越该改变。在 1993 年美国大选中，克林顿曾经说过一句话："我们要改变游戏规则！"而老布什总统却说："我有丰富的经验！"也许老布什落选的一个重要原因是输在"往后看"，而不是"向前看"。

思路突破：开辟新蹊径

这个世界里充满了追随者、依附者、模仿者，他们喜欢遵循旧的轨道，喜欢以他人之思想为思想。但是社会所需要的却是那些有创新精神的人，能够抛弃走熟了的途径，而闯入新天地的人——那些离开了先例旧方而医治病人的医师，那些用别出心裁的方法办理讼案的律师，那些把新的理想、新的方法带进教室的教师等。

不要害怕你自己成为"创始人"。不仅要做一个人，还要做一个新的人，独立的人，不要老想仿效你的祖父、你的父亲、你的邻居。要知道，没有人能够因仿效他人而得到成功。成功是不能从抄袭、模仿中得来的。成功是个人的创造，是由创始的力量所造成的，所以我们要勇于去做成功路上的创始者。

日本的"经营之神"松下幸之助，就是这样一位富有智慧、善于洞察未来的成功人物。每当人们问及他成功的秘诀时，他总是说："靠的是比别人稍微走得快一点。"1917 年，松下幸之助在确立自己事业的方向上，靠的就是在自己智慧基础上形成强烈的超前意识。严格地讲，松下幸之助能同电器结下不解之缘并没有内在的必然联系。他的祖上经营土地，父亲从事米行，而他进入社会首先是涉足商业，所有这些都与电器制造业相隔甚远，况且有关电的行业在当时是凤毛麟角的。然而，松下深信电作为一种新式能源，在给人类带来方便的同时，也会带来更多的需求。因此，投身电器制造，也一定会前途灿烂。尽管在创业伊始，他就受到挫折和打击。然而，这种超前意识使松下有了坚强的信念和必胜的信心。正是由于"稍微走得快了一点"，"松下电器"从无到有，从小变大。

第二次世界大战结束后，世界又恢复了和平。遭受战争创伤的人民，在新的和平环境里又重新燃起生活和工作的热情。松下幸之助看到"新文明"将带来世界性的家电热。对于"松下电器"，既是一次发展壮大难得的机会，也是一次艰巨而又严峻的挑战。松下幸之助正是凭借着"稍微走得快了一点"，大刀阔斧地进行机构调整和技术改革，从而使"松下电器"得到了前所未有的发展。

20世纪50年代，松下幸之助第一次访问美国和西欧时发现：欧美强大的生产主要基于民主的体制和现代的科技，尽管日本在上述方面还相当落后，然而这一趋势将是历史的必然。松下幸之助正是把握住了这一超前趋势，在日本产业界率先进行了民主体制改革。管理上给予产业充分的自主权，建立了合理的劳资体制和劳资关系。经济上他改革了日本的低工资制，使员工工资超过欧洲，接近美国水平，并建立了必要的退休金，使员工的物质利益得到充分满足。劳动制度上实现每周5天工作日，这在当时的日本还是第一家。改革之后，"松下电器"的生产突飞猛进，效益日新月异。

"时势造英雄"，被改变了的环境就是一种新的时势，新的发展机遇。无论是地理环境、交际环境，还是职业环境、人文环境，每一次改变都为我们提供了一个新的广阔的发展空间。

思想超前方能无中生有

思想超前，就是未雨绸缪，以长远的眼光，对未来早做谋划。思想超前的人，能够洞悉种种隐匿的机遇，从而早做准备，果断出击，实现"无中生有"的目标。

要走无中生有的路，就要运用超前思维以"见人所未见""为人所未为"。套用鲁迅名言："无路处本来就是创新的路。"要走无中生有的路，就要有魄力、有决心、有方法，搭别人的车走自己的路，或借用别人的路，行自己的车。要走无中生有的路，还要有很强的心理素质。

思想超前的人，能高瞻远瞩地看清时代的发展方向，所以能引领时代的潮流。青年时期的比尔·盖茨就是个具有超前思维的人物，下面我们来看看比尔·盖茨的成长经历。

比尔·盖茨中学毕业后如愿以偿地被哈佛大学录取。但是程序员的工作和计算机的魅力深深吸引着他，他每日和保罗一起夜以继日地工作，他们的技能和知识都有了很大的发展，看到了别人看不到的希望。

比尔·盖茨一边在哈佛大学读书，一边想着计算机领域的发展，而且把主要的心思用了计算机上。而他的好友保罗则是一旦发现计算机在国际领域的新动向，就跑来告诉比尔·盖茨。有一次，保罗在一份杂志上看到了一台微型计算机照片，就拿着它来找比尔·

盖茨。比尔·盖茨见说明中写着:"世界上第一部微型计算机,可与商用型号的计算机相匹敌。"比尔·盖茨超前的思维能力使他有意识地对保罗说:"看来计算机像电视机一样普及的时代就要到来了。"两个人为此兴奋不已。他们在朦胧中看到了自己的事业和梦想,这两个天才少年用他们的兴趣和天才的头脑,预见到了一个庞大的新兴科技领域的出现,看到了别人看不到的希望。

比尔·盖茨和保罗在喜出望外之后,下决心大干一番。他们决定为新诞生的微型计算机编制语言,也就是系统软件。他们超前的思维已经意识到,如果没有便于应用的程序,计算机就毫无价值可言。比尔·盖茨和保罗抓住这个机会,立即进了哈佛大学的计算机中心。两个孩子昼夜奋战,一刻不停地干起来。经过连续8个星期的奋战,他们为微型计算机设计了一个取名为"登上月球"的游戏程序。在实验后,他们认为可以让这个程序工作了,于是,保罗带着这个刚刚诞生的程序,乘飞机到新墨西哥州微型计算机诞生的公司去试用。结果是,第一次实验就获得了成功。

在这个时候,比尔·盖茨已经意识到,一个大好的商机已经来临了。为此,他决定离开哈佛,和保罗一起开办软件开发公司。这样,比尔·盖茨没有毕业就离开了哈佛,引起了人们的关注。

1975年7月,比尔·盖茨和保罗在亚帕克基市创立微软公司。最初名字为Micro-soft,不久中间的连字符即被去掉,"微软"之名出自"微电脑软件"之意。虽然,比尔·盖茨并不认为构思一个名字就是一项成就,但是他对这个由他亲自替公司起的名称感到十分得意。他认为,"微软"之名用于一个专门开发微电脑软件的公司最合适了,何况,整个电脑软件行业目前只有唯一的一家微软公司。

他们创办公司的宗旨是：要为各种各样的微电脑开发软件。当时，比尔·盖茨还不到 20 岁。

比尔·盖茨的经历只是个案，但是他带给我们的思考却是极其深远的。他少年时期的超前思维以及前瞻性的眼光，对我们具有十分重要的启发及影响。我们也应向比尔·盖茨学习，努力培养自己的超前思维，看到别人看不到的希望，这样我们才能在未来的竞争中赢得主动，抢占先机。

思路突破："无中生有"，要不畏惧失败

创新意味着机会，同时也意味着风险。要走无中生有的路，要想做出无米之炊，没有点胆量、气魄是万万不能行的。因此，谁要想走出前人所未走之路，谁要想成人所未成之功，谁就要不畏惧失败，要勇于承受风险。

威尔士是美国东北部哈特福德城的一位牙科医生，是西方世界医学领域对人体进行麻醉手术的最早试验者。在威尔士以前，西方医学界还没有找到麻醉人体之法，外科手术都是在极残酷的情况下进行的。

后来，在英国化学家戴维发现笑气（氧化亚氮）以后，1844 年，美国化学家考尔顿考察了笑气对人体的作用，带着笑气到各地做旅行演讲，并做笑气"催眠"的示范表演。这天他来到美国东北部哈特福特城进行表演，不料在表演中发生了意外。在表演者吸入笑气之后，由于开始的兴奋作用，病人突然从半昏睡中一跃而起，神志

错乱地大叫大闹着，从围栏上跳出去追逐观众。在追逐中，由于他神志错乱，动作混乱，大腿根部一下子被围栏划破了个大口子，鲜血涌泉般地流淌不止，在他走过的地上留下一道道殷红的血印。围观的观众早被表演者的神经错乱所惊呆，这时又见表演者不顾伤痛向他们追来，更是惊吓不已，都惊叫着向四周奔去，表演就这样匆匆收了场。

这场表演虽结束了，但表演者在追逐观众时腿部受伤而丝毫没有疼痛的现象，却给现场的牙科医生威尔士留下了非常深刻的印象。于是他立即开始对氧化亚氮的麻醉作用进行实验研究。

1845年1月，威尔士在实验成功之后，来到波士顿一家医院公开进行无痛拔牙表演。表演开始，威尔士先让病人吸入氧化亚氮，使病人进入昏迷状态，随后便做起了拔牙手术。但不巧，由于病人吸入氧化亚氮气体不足，麻醉程度不够，威尔士的钳子夹住病人的牙齿刚刚往外一拔，便痛得那位病人"啊呀"一声大叫起来。众人见之先是一惊，随之都对威尔士投去轻蔑的眼光，指责他是个骗子，把他赶出了医院。威尔士的表演失败了，他的精神也崩溃了。他转而认为手术疼痛是"神的意志"，于是他放弃了对麻醉药物的研究。

可是他的助手摩顿与其不同，摩顿开始了自己的探索。1846年10月，摩顿在威尔士表演失败的波士顿医院当众再做麻醉手术实验。在众目睽睽之下，他获得了成功。

"无中生有"是需要气魄、胆识和毅力的，在"无中生有"的创新之路上，往往有着失败和风险同行。成功属于能够不畏艰险，善于从失败中汲取经验并坚持到底的人。

第四章

态度决定行动，力度决定速度

有正确的态度只是成功的一半，你还需要将正确的态度付诸于行动。只有将人、目标和行动完美地结合，才能取得最大的成功。而在行动的过程中，你行动的力度决定了你的速度，也决定了你和成功的距离。只有加大行动的力度，你才能提高成功的速度，才能比别人抢占先机，抢先一步成功。

行动永远是第一位的

英国前首相本杰明·迪斯雷利曾指出，虽然行动不一定能带来令人满意的结果，但不采取行动就绝无满意的结果可言。

因此，如果你想取得成功，就必须先从行动开始。

每天不知有多少人会把自己辛苦得来的新构想取消，因为他们不敢执行。过了一段时间以后，这些构想又会回来折磨他们。

天下最可悲的一句话就是："我当时真应该那么做，但我却没有那么做。"经常会听到有人说："如果我当年就开始做那笔生意，早就发财了！"一个好创意胎死腹中，真的会叫人叹息不已，永远不能忘怀。一个人被生活的困苦折磨久了，如果有了一个想要改变的梦想，那他已经走出了第一步，但是若想看见成功的大海，只走一步又有什么用呢？

因此，当你有了梦想，只有行动起来，最终才能摆脱受折磨的命运。

连绵秋雨已经下了几天，在一个大院子里，有一个年轻人浑身淋得透湿。但他似乎毫无觉察，满脸怒气地指着天空，高声大骂着："你你这该千刀万剐的老天呀，我要让你下十八层地狱！你已经连续下了几天雨了，弄得我屋也漏了，粮食也霉了，柴火也湿了，衣服也没得换了，你让我怎么活呀？我要骂你、咒你，让你不得好死……"

年轻人骂得越来越起劲，火气越来越大，但雨依旧淅淅沥沥，毫不停歇。

这时，一位智者对年轻人说："你湿淋淋地站在雨中骂天，过两天，下雨的龙王一定会被你气死，再也不敢下雨了。"

"哼！它才不会生气呢，它根本听不见我在骂它，我骂它其实也没什么用！"年轻人气呼呼地说。

"既然明知没有用，为什么还在这里做蠢事呢？"

年轻人无言以对。

"与其浪费力气在这里骂天，不如为自己撑起一把雨伞。自己动手去把屋顶修好，去邻家借些干柴，把衣服和粮食烘干，好好吃上一顿饭。"智者说。

"与其浪费力气在这里骂天，不如为自己撑起一把雨伞。"智者的话对于我们来说，不失为一句"醒世恒言"。与其在困境中哀叹命运不公,为什么不把这些精力用在改变困境的行动上呢?

坐着不动是永远也改变不了现状的,同样的,坐着不动也是永远做不成事业的。只有傻瓜才寄希望于"天上掉馅饼"。俗话说:"一分耕耘,一分收获。"没有耕耘,就是没有行动,那就自然不会有收获。不论你是运用大脑,还是运用体力,你一定要"动"起来才行。

思路突破:用行动改变现状

一位哲人曾这样说过:"我们生活在行动中,而不是生活在岁月里。"要改变你的生活,你首先要行动起来,只有行动才是改变你现状的捷径。

曾目睹两位老友因车祸去世而患上抑郁症的美国男子沃特,在无休止的暴饮暴食后,体重迅速增长到了无法自控的地步,直线逼近200公斤。当逛一次超市就足以让沃特气喘吁吁缓不过气儿时,沃特意识自己已经到了绝境。绝望之中的沃特再也无法平静,他决定做点什么。

打开年轻时的相册,里面的自己是一个多么英俊的小伙子啊。深受刺激的沃特决定开始徒步全美国的减肥之旅,迅速收拾好行囊,沃特带着接近200公斤的庞大身躯出发了。穿越了加利福尼亚的山脉,行走了新墨西哥的沙漠,踏过了都市乡村,旷野郊外……整整一年的时间,沃特都在路上。他住廉价旅馆,或者就在路边野营。他曾数次遇到危险,一次在新墨西哥州,他险些被一条剧毒的眼镜蛇咬伤,幸亏他及时开枪将之打死。至于小的伤痛简直就是家常便饭，但是他坚持走过了这一年，一年后，他步行到了纽约。

他的事情被媒体曝光后，深深触动了美国人的神经。这个徒步行走立志减肥的中年男子，被《华盛顿邮报》《纽约时报》等媒体誉为"美国英雄"，他的故事感动了美国。不计其数的美国人成为了沃特的支持者，他们从四面八方赶来，为的就是能和这个胖男人一起走上一段路。每到一个地方，就会有沃特的支持者们在那里迎接他。

当他被美国收视率最高的节目之———《奥普拉·温弗利秀》请到现场时，全场掌声雷动，为这个执着的男人欢呼。出版商邀请他写自传，电视台找他拍摄专辑……更不可思议的是，他的体重成功减掉了50公斤，这是一个多么惊人的数字！

许多美国人称：沃特的故事使他们深受激励，原来只要行动，生活就可以过得如此潇洒。沃特说这一切让他感到意外："人们都把我看作是一个美国英雄式的人物，但我只是一个普通人，现在我意识到，这是一次精神的旅行，而不仅仅是肉体。"他的个人网站"行走中的胖子"，吸引了无数访问者，很多慵懒的胖子开始质问自己："沃特可以，为什么我不可以？"

徒步行走这一年，沃特的生活发生了巨变。他从一个行动迟缓的胖子转变为一个堪比"现代阿甘"的传奇式人物，沃特用了一年的时间，他的收获绝不仅是减肥成功这么简单。放弃舒适的固有生活，做一种人生的改变，人人都可以做到，但未必人人愿意行动。所以，沃特成功了。

你也是，只要付诸行动，没有什么不可以。勇敢行动起来，创造自己生命的奇迹吧！

业精于勤荒于嬉

《颜氏家训》中说："天下事以难而废者十之一，以惰而废者十之九。"惰性往往是许多人虚度时光、碌碌无为的性格因素。惰性集中表现为拖拉，就是说可以完成的事不立即完成，今天推明天，明天推后天。许多人奉行"今天不为待明朝，车到山前必有路"。结果，事情没做多少，青春年华却在这无休止的拖拉中流逝了。

"业精于勤荒于嬉"。产生惰性的原因就是试图逃避困难的事，图安逸，怕艰苦，积习成性。人一旦长期躲避艰辛的工作，就会形成习惯，而习惯就会发展成不良的性格倾向。

比尔·盖茨说："懒惰、好逸恶劳乃是万恶之源，懒惰会吞噬一个人的心灵，就像灰尘可以使铁生锈一样，懒惰可以轻而易举地毁掉一个人，乃至一个民族。"这给我们敲响了警惕之钟。

懒惰，从某种意义上讲就是一种堕落，一种具有毁灭性的东西，它就像一种精神腐蚀剂一样，慢慢地侵蚀着你。一旦背上了懒惰的包袱，生活将是为你而掘下的坟墓。马歇尔·霍尔博士认为："没有什么比无所事事、懒惰、空虚无聊更为有害的了。"

一位母亲在出门前，怕自己的儿子饿着，给他烙了几张足以吃半个月的大饼；又怕儿子懒得动手，就给他套在了脖子上。然而当她一周后回家时，看到儿子已经饿死了，大饼却剩下一大半。原来儿子只将脖前的饼啃掉，啃完后又懒得用自己的手去转一下，以便吃到另一面，结果就被饿死了。

这个故事虽然有些夸张，却说明了懒惰的恶劣本质。一个连自己的手都懒得抬起，害怕或不愿意付出相应劳动的人，还能奢望拥有什么呢？

懒惰者是不能成大事的，因为懒惰的人总是贪图安逸，遇到一点儿风险就吓破了胆。另外，这些人还缺乏吃苦实干的精神，总存有侥幸心理。而成大事之人，他们更相信"勤奋是金"。不经历风雨怎么见彩虹，一个人怎能随随便便成功？所以在被懒惰摧毁之前，你要先学会摧毁懒惰。从现在开始，摆脱懒惰的纠缠，不能有片刻的松懈。

业精于勤荒于"懒"。懒惰是学习的大敌，是工作的大敌，是生活的大敌。一个人的懒惰只是个人的不幸；一个民族的懒惰，则是整个民族的悲哀！我们肩负着中华民族伟大复兴的历史使命，全面建设小康社会，需要我们每个人打起十二分的精神，艰苦创业，勤奋工作。

思路突破：美好的生活要靠勤劳获取

"懒惰"是个很有诱惑力的怪物，一生中谁都会与这个怪物相遇。比如，早上躺在床上不想起来，起床后什么事也不想干，能拖到明天的事今天不做，能推给别人的事自己不做，不懂的事自己不想懂，不会做的事自己不想做……"懒惰"是人类最难克服的一个敌人，许多本来可以做到的事，都因为一次又一次的懒惰拖延而错过了成功的机会。所以，要想改变懒惰的现状，一定要走上勤奋的道路。

一位哲人曾说过："世界上能登上金字塔顶的生物只有两种，

一种是鹰，一种是蜗牛。不管是天资奇佳的鹰，还是资质平庸的蜗牛，能登上塔尖，俯视万里，都离不开两个字——勤奋。"

一个人的成长与发展，天赋、环境、机遇、学识等因素固然重要，但更重要的是自身的勤奋与努力。没有自身的勤奋，就算是天资奇佳的雄鹰也只能空振双翅；有了勤奋的精神，就算是行动迟缓的蜗牛也能雄踞塔顶，观千山暮雪，渺万里层云。成功不单纯依靠能力和智慧，更要依靠每一个人自身孜孜不倦的勤奋工作。

"勤奋是通往荣誉圣殿的必经之路！"

这是古罗马皇帝临终前留下的遗言。古罗马人有两座圣殿，一座是勤奋的圣殿，一座是荣誉的圣殿。他们在安排座位时有一个顺序，必须经过前者的座位，才能达到后者——勤奋是通往荣誉圣殿的必经之路。

人生路上，要想到达成功的圣殿，唯一的一条道路也是勤奋。

艾伦是一个公司的速记员。一个星期六的下午，同事们约好了去看球赛，这时一位律师走进来问艾伦，去哪儿能找到一位速记员来帮忙。艾伦告诉他，其他的速记员都看球赛去了，如果晚来 5 分钟，自己也会走。艾伦又说："球赛随时都可以看，工作第一，让我来帮你吧。"

律师问应该付多少钱给艾伦，艾伦开玩笑地回答："哦，既然是你的工作，大约 1 000 元吧。换了别人，我就免费帮忙。"律师笑了笑，向艾伦表示谢意。

艾伦确实是在开玩笑，他早把 1 000 元的事忘得一干二净。但在 6 个月后，律师却支付他 1 000 元，还邀请艾伦到自己的公司工作，薪水比现在的高一倍。

艾伦只是在不经意间多做了一点点事情，结果却得到如此巨大的回报。这样看来，比别人勤奋一点点，你将会受益匪浅。

很多人认为，只要完成分配的任务就可以了，其实只想这些还远不够，你还需要多做一些事情，多承担些责任。也许你的付出无法立刻得到相应的回报，但不要灰心失望，只要你一如既往地投入，回报可能会在不经意间，以出人意料的方式出现。你付出的努力如同存在银行里的钱，当你需要的时候，它随时都会为你服务；当你不需要时，它也会为你储蓄升值。所以拒绝懒惰，走向勤奋吧，只有这样，你才能拥有一个美好的明天。

克服拖延的毛病

《明日歌》曾经写道："明日复明日，明日何其多！日日待明日，万事成蹉跎。"这就说明拖延给我们的生活带来的影响。生活中拖延的现象屡见不鲜，但拖延久了，事事拖延，就养成了一种习惯，这种习惯势必让你产生病态的拖延心理。拖延心理会让人一事无成，甚至毁掉你的前程。所以生活中一定要克制拖延，克制拖延你才能成功。

深夜，一个危重病人走到了他生命中的最后一分钟，死神如期来到了他的身边。在此之前，死神的形象在他脑海中几次闪过。他对死神说："再给我一分钟好吗？"死神回答："你要一分钟干什么?"他说:"我想利用这一分钟看一看天,看一看地,想一想我的朋友和亲人。如果运气好的话,我还可以看到一朵绽开的花。"

死神说:"你的想法不错,但我不能答应。因为我早已留了足够的时间让你去欣赏这一切,你却没有像现在这样去珍惜,你看一下这份账单:在60年的生命中,你有1/3的时间在睡觉;剩下的30多年里你经常拖延时间;曾经感叹时间太慢的次数达到了10000次,平均每天一次。上学时,你拖延完成家庭作业;成人后,你抽烟、喝酒、看电视,虚度光阴。"

"我把你的时间明细账罗列如下:做事拖延的时间从青年到老年共耗去了36500个小时,折合为1520天。做事有头无尾、马马虎虎,使得事情不断要重做,浪费了大约300多天。因为无所事事,你经常发呆;你经常埋怨、责怪别人,找借口、找理由、推卸责任;你利用工作时间和同事侃大山,把工作丢在一旁毫无顾忌;工作时间呼呼大睡,你还和无聊的人煲电话粥;你参加了无数次无所用心、懒散昏睡的会议,这使你的睡眠时间远超出了20年;你也组织了许多类似的无聊会议,使更多的人和你一样睡眠超标;还有……"

说到这里,这个危重病人断了气。死神叹了口气说:"如果你活着的时候能节约一分钟,你就能听完我给你记下的账单了。哎,真可惜,世人怎么都是这样,不等到我动手就后悔死了。"

每个人的生命都是有限的。你可以给自己时间,但生命却不会给你时间,正如中国古代诗人李商隐所吟诵的"人间桑海朝朝变,莫遗佳期更后期"。

人为什么会被"拖延"的恶魔所纠缠,很大的原因在于当认识到目标的艰巨时所采取的一种逃避心理——能以后再面对的就以后再面对，只要今天舒服就行。拖延就这样成为了"逃避今天的法宝"，而逃避是弱者最明显的特征。

有些事情你的确想做，绝非别人要求你做，尽管你想，但却总是在拖延。你不去做现在可以做的事情，却想着将来某个时间再做。这样你就可以避免马上采取行动，同时你安慰自己并没有真正放弃决心。你会跟自己说："我知道我要做这件事，可是我也许会做不好或不愿意现在就做。应该准备好再做，于是，我当然可以心安理得了。"每当你需要完成某个艰苦的工作时，你都可以求助于这种所谓的"拖延法宝"，这个法宝成了你最容易、也是最好的逃避方式。

人的本质都是懦弱的，从这一点上说，拖延和犹豫是最合乎人性的弱点，但是正因为它合乎人性，没有明显的危害，所以无形中耽误了许多事情，因此而引起的烦恼，其实比明显的罪恶还要厉害。你拖延得了一时，却拖延不过一世。在你避免可能遭到失败的同时，你也失去了取得成功的机会。

思路突破：从现在开始行动

不要逃避今天的责任而等到明天去做，因为明天是永远不会来临的。现在就采取行动吧，即使你的行动不会使你马上成功，但是总比坐以待毙要好。即使成功可能不是行动所摘下来的那个果子，但是，没有行动，任何果子都会在枝上烂掉。

现在必须采取行动。你要一遍又一遍，每一小时、每一天，重复这句话，一直等到这句话像你的呼吸一样融入你的生命。而跟在它后面的行动，要像你眨眼睛那种本能一样迅速。任何时刻，当你感到推脱苟且的恶习正悄悄地向你靠近，或者此恶习已迅速缠上你，使你动弹不得之际，你都需要用这句话提醒自己。

总有很多事需要完成，如果你正受到怠惰的钳制，那么不妨从碰见的任何一件事开始着手。这是件什么事并不重要，重要的是，你要突破无所事事的恶习。从另一个角度来说，如果你想规避某项杂务，那么你就应该从这项杂务着手，立即进行。否则，事情还是会不断地困扰你，使你觉得烦琐无趣而不愿动手。

当你养成"现在就动手做"的习惯，那么你就将掌握主动进取的精髓。

生命中真正的财富往往属于那些能以行动积极寻求的人。成功不会由挂着皇家徽章的管弦乐队伴随着而来，它往往属于长期艰苦努力工作的人。

采取主动，就能创造属于自己的机会。缜密思虑下策划的行动，是没有任何东西可以取代的。你可以用尽各种方法，告诉全世界，你有多么优秀，但是你必须通过行动。要让别人知道你的成就，你应该先付诸行动，让人从行动中看到你的成就。

不要等待"时来运转"，也不要由于等不到而觉得恼火和委屈，要从小事做起，要用行动争取胜利。记住，立即行动！

用目标为你的行动导航

每一个走向成功的人，无疑都会面临一个选择方向、确定目标的问题。正如空气、阳光之于生命那样，人生须臾不能离开目标的引导。

　　有了目标，人们才会下定决心攻占事业高地；有了目标，深藏在内心的力量才会找到"用武之地"。若没有目标，你绝不会采取真正的实际行动，自然与成功无缘。

　　早在40多年前，生活在洛杉矶的15岁的少年约翰·戈达德对自己一生中计划要做的事列了一张清单，上面有127个要实现的目标，他将此清单称为"我的生命单"。其中包括读完莎士比亚、柏拉图和亚里士多德的著作，访问世界每一个国家，访问月球等。将自己的梦想列在纸上后，他就一件一件，分秒必争地将它们变成现实。59岁时，戈达德已实现了106个目标。他说："我在少年时列的生命清单，反映了一个少年人的兴趣。尽管有些事情我是永远也无法做到的——例如，登上珠穆朗玛峰和访问月球。然而，确定的目标往往是这样的：有些事情可能超出你的能力，但那并不意味着你得放弃整个梦想。"现在，他仍然不放弃确定的目标，努力在每一年中实现一个目标，包括参观中国的万里长城和访问月球。可见，是目标所蕴含的神奇推力使戈达德勇往直前，虽然他已不再年轻，但却仍然能够信心十足。

　　只要你选准了目标，选对了适合自己的道路，并不顾一切地走下去，终能走向成功。确立了目标并坚定地"咬住"目标的人，才是最有力量的人。目标，是一切行动的前提。事业有成，是目标的赠予。确立了有价值的目标，才能较好地分配自己有限的时间和精力，较准确地寻觅突破口，找到聚光的"焦点"，专心致志地向既定方向猛打猛冲。那些目标如一的人，能抛除一切杂念，聚积起自己的所有力量，全力以赴地向目标高地挺进。

一个人只要不丧失使命感，或者说还保持着较为清醒的头脑，就决然不会把人生之船长期停泊在某个温暖的港湾，而是重新扬起风帆，驶向生活的惊涛骇浪，领略其间的无限风光。人，不仅要战胜失败，而且还要超越胜利。只有目标始终如一，才能焕发出极大的活力；只有超越生命本身，人生才可以不朽。

有目标的人，就会产生一股巨大的、无形的力量，将自身与事业有机地"融合"为一体。

目标，能唤醒人，能调动人，能塑造人，目标的伟大力量是难以估计的。有明确目标的人，生活必然充实有劲，绝不会因无所事事而无聊。目标能使人不沉湎于现状，能激励人不断进取，能引导人不断开发自身的潜能，去摘取成功的桂冠。

思路突破：制订目标的技巧

要成功就要设定目标，没有目标是不会成功的。目标就是方向，就是成功的彼岸，就是生命的价值和使命。

而目标的设定也是需要技巧的，当你确立了自己人生的终极目标之后，你就应该为了你的终极目标制订多个向总目标一步步接近的具体目标，然后慢慢执行，最后达到终极目标。

你的计划应根据不同的时间长度而有所分别，如1小时、1星期、1年、10年。显然，考虑明年1年的计划与考虑今后10年的计划，那是有很大不同的。你能够而且应该超前计划10年，但是你不能想得很精细，因为不确定的因素太多了。温斯顿·丘吉尔在谈到筹划国家事务时曾经说："人总是要向前看的，但是要预见目前看不见的东西又总是困难的。"你能够而且应该计划一个小时内要做的事，你也能够很精确地制订这个计划，但是，一个小时对你当然不会有太大的影响。

你可以将自己的目标大致做如下分类：

1. 长期目标

长远目标仍然与所追求的整个生活方式密切相关——你想从事的职业类型，你是否想结婚，你向往的家庭类型，你追求的总的生活境况。设计将来应当有一些总体性的考虑，在考虑长远计划时，不必拘泥于细节，因为以后的变化太多。应该有一个全局性的计划，但又要具有一定的灵活性。

2. 中期目标

中期目标是 5 年左右的目标，它包括你正渴望得到的那种专门的训练和教育，你生活历程中的经验。你要能够较好地把握住这些目标，并且在实施中预见你能否达到目的，并按照情况的变化不断调整努力的方向。

3. 短期目标

短期目标指的是 1 个月至 1 年的目标。你要很现实地确定这些目标，并且能够迅速明晰你是否正在实现它们。不要为自己设立不可能实现的目标。人总是希望自己有所进步，但也不能要求过高，以免达不到而挫伤信心。目标要实际，但更要不惜一切去实现。

4. 小目标

小目标指的是 1 天至 1 个月的目标。控制这些目标比控制较长远的目标容易得多。你能列出下一个星期或一个月要做的事，并且你完成计划也是大有可能的（假如你的计划是合理的）。假如你发现你的计划过大，以后要修改它。考虑的整块时间越小，你就越能控制每一整块的时间。

制订切实可行的计划

法国作家雨果说过："有些人每天早上计划好一天的工作，然后照此实行。他们是有效利用时间的人。而那些平时毫无计划，靠遇到事现打主意过日子的人，只有'混乱'二字。"

在明确工作目的和任务后，能不能实现它就在于能否进行合理的组织工作。

生物学家沃森在回顾自己的职业生涯时说："我的助手有一个非常好的习惯，这也是我一直没有替换他的主要原因。他有一本形影不离的工作日记，每天早晨，他都会把前一天写好的工作计划再翻看一遍，而在一天的工作结束后，他要对这一天的工作进行总结，同时把下一天的计划再做出来。"

制订计划是一种很好的行为，它能有效地引导我们的行动，使我们的生活变得井井有条。那么，我们又该如何制订切实可行的计划呢？

史蒂芬·柯维说："我赞美彻底和有条理的工作方式。一旦在某些事情上投下了心血，就可以减少重复，开启更大和更佳的工作任务之门。"

培根也说过："选择时间就等于节省时间，而不合乎时宜的举动则等于乱打空气。"

没有一个明确可行的工作计划，必然会浪费时间，要高效率地工作就更不可能了。试想，如果一个搞文字工作的人把资料乱放，就是找个材料都会花半天工夫，那么他的工作是没有效率可言的。工作的有序性，体现在对时间的支配上，首先要有明确的目的性，很多成功人士就指出：如果能把自己的工作任务清楚地写下来，便是很好地进行了自我管理，就会使得工作条理化，因而使得个人的能力得到很大的提高。

只有明确自己的工作是什么，才能认识自己工作的全貌，从全局着眼观察整个工作，防止每天陷于杂乱的事务之中。明确的办事目的将使你正确地掂量各个工作之间的不同侧重，弄清工作的主要目标在哪里，防止不分轻重缓急，耗费时间又办不好事情。

在制订工作计划的过程中，我们不仅要明确自己的工作是什么，还要明确每年、每季度、每月、每周、每日的工作及工作进程，并通过有条理的连续工作，来保证以正常速度执行任务。在这里，要为日常工作和下一步进行的项目编出目录，这不但是一种不可低估的时间节约措施，也是提醒我们记住某些事情的方法，可见，制订一个合理的工作日程是多么重要。

工作日程与计划不同，计划在于对工作的长期计算，而工作日程表是指怎样处理现在的问题。比如今天还有明天的工作，就是逐日推进的计划。有许多人抱怨工作太多又太杂乱，实际是由于他们不善于制订日程表，无法安排好日常工作，有时候反而抓住没有意义的事情不放，不得不被工作压得喘不过气来。

思路突破：将计划付诸行动

菲尔德爵士指出："制订计划是为了达成计划，计划制订好之后，就要付诸行动去实现它。如果不化计划为行动，那么所制订的计划就失去了意义。"

实际上，制订计划相对容易，难的是付诸行动。制订计划可以坐下来用脑子去想、用笔去写，实现计划却需要扎扎实实的行动，只有行动才能化计划为现实。

很多人都制订了自己的人生计划，但制订了计划之后，便把计划束之高阁，没有投入到实际行动中去，到头来仍然是一事无成。

在这个世界上，想成功没有别的途径，只有行动才是达成计划的唯一途径。

计划制订好后，就不能有一丝一毫的犹豫，而是一定要坚决地投入行动。观望、徘徊或者畏缩都会使你延误时间，以致使计划化为泡影。

不论做什么事情，都必须拼命去做，如果半途而废，还不如不做。最重要的是把全部精神集中在自己的计划上。一旦决定了去做之后，就要集中精神去做。例如，当你在阅读《荷马史诗》时，应将全部精神集中于这部作品上，一边想着它所写的是否正确，一边学习其优美的措辞和诗句，绝对不可以将心神转移到别的作品上。

很多人都有过这样的经验，刚订好计划时颇有磨刀霍霍的干劲，可是过了3个星期后就没毅力了，更别提实现计划的自信了。当你拟妥一项计划后，首要的步骤就是把它写在纸上，当你把计划写下来之后，随之而来最重要的一步就是立即让自己行动起来，向着实现计划的方向拿出具体的行动，可别一拖再拖。一个真正的决定必然是有行动的，并且还是立即的行动，此时你就要针对自己的计划采取积极的行动。你先别管要行动到什么程度，最重要的是要行动起来，打一个电话或拟一份行动方案都是可行的，只要在接下去的 10 天内每天都有持续的行动。当你能这么做时，这 10 天的行动必然会形成习惯，最终把你带向成功。

把计划转化为行动，可尝试按以下步骤进行：

1. 将没有开始行动的若干原因写下 3 条

为什么我当时没有行动？是不是当时有什么困难？回答这些问题有助于你认识未付诸行动的原因，乃是跟去做的痛苦有关，因此宁可拖延。如果你认为这跟痛苦无关的话，那么不妨再多想一想，或许是这个痛苦在你眼里微不足道，以至于你并不认为那是痛苦。

2. 写出如果你不马上改变所造成的后果

如果你再不停止吃那么多的糖分和脂肪，那么会怎么样？如果你不停止抽烟，后果会如何？如果你不打通认为应该打的电话会怎样？如果你不每天运动的话，对健康会有什么影响？ 2 年、3 年、4 年及 5 年后会生出什么样的毛病？如果你不改变的话，在人际关系上得付出什么样的代价？在自我形象上会付出什么代价？在钱财上会付出什么样的代价？对这些问题你要怎么回答呢？找出能使你感到痛苦的答案，那么痛苦便会成为你的朋友，帮助你改掉不能马上改变的坏习惯，以实现人生计划。

第五章
脑袋决定口袋，观念决定贫富

一个人如果想让自己获得更大的利益，想让自己的口袋鼓起来，就必须意识到，在日益激烈的竞争中，精明的头脑是越来越重要了。脑袋里的智慧有多少，口袋里的钞票就有多少。所有成就大业的人之所以成功，不是因为他们的能力比我们强多少，也不是因为他们比我们更努力，而是他们与我们的思维方式和做事方式不一样。观念的不同决定了命运的差别，也决定了人一生的贫富差别。

穷人最缺什么

法国富翁巴拉昂去世后，《科西嘉人》报刊登了他的一份遗嘱：

"我曾是穷人，但当我走进天堂时，我却是一个大富翁。在跨入天堂之门前，我不想把我的致富秘诀带走。在法兰西中央银行，我有一个私人保险箱，那里面藏有我的秘诀。保险箱的3把钥匙在我的律师和2位代理人手中。

"谁若能通过回答'穷人最缺少的是什么'而猜中我的秘诀，他将得到我的祝贺。当然，那时我已不可能从墓穴中伸出双手为其睿智鼓掌，但他可以从那只保险箱里荣幸地拿走 100 万法郎，那是我给予他的掌声。"

遗嘱刊出后，科西嘉人报收到大量信件。绝大部分人认为，穷人最缺少的是金钱。穷人还能缺少什么？当然是钱了；还有一部分人认为，穷人最缺少的是机会，穷人最缺少的是技能，穷人最缺少的是帮助和关爱。总之，答案五花八门。

一年后，也就是巴拉昂逝世周年纪念日时，律师和代理人按巴拉昂生前的交代，在公证部门的监督下打开了那只保险箱。

在 48561 封来信中，一位叫蒂勒的小姑娘猜对了巴拉昂的秘诀。蒂勒和巴拉昂都认为，穷人最缺的是野心，即成为富人的野心。

颁奖之日，主持人问 9 岁的蒂勒，为什么想到野心，而不是其他。她说："每次，我姐把她 11 岁的男友带回家时，总是警告我：'不要有野心！不要有野心！'我想，也许野心可以让人得到自己想得到的东西。"

现今的社会生活中，每个人都想发财，每个人都有一个发财的美梦。但是，许多人很快就放弃了自己的梦想，于是生活就失去了动力，人生也就失去了意义。这就是大多数人失败和默默无闻的原因。不要放弃野心，即使你一辈子都没有实现你的发财梦，你也会觉得不枉此生。你只要行动，就会有收获。拿破仑·希尔把致富的过程总结为 6 大步骤：

（1）牢记你所渴望金钱的确切数目。

（2）决定一下，你要付出什么以求报偿。

（3）设定你想拥有所渴望金钱的确切日期。

（4）草拟实现渴望的确切计划，并且立即行动，不论你准备妥当与否，都要将计划付诸实施。

（5）简明地写下你想获得的金钱数目，及获得这笔钱的时限。

（6）一天朗读2遍你写好的告白，早晨起床时念一遍，晚上睡觉前念一遍。

这6大步骤的核心就是要行动，任何伟大的财富追求只有在行动中才会变为现实。由此可见，我们每个人都应该执着地坚持自己创富的信念，保持昂扬的斗志，让梦想焕发惊人的力量，推动我们勇往直前，切莫让"没有发财的命"之类的想法演化成一种借口，成为制约你创造财富的枷锁。

思路突破：将欲望转换为财富

欲望有助于成功，因为成功是努力的结果，而努力又大都产生于强烈的欲望。正因为这样，强烈的创富欲望，便成了成功创富最基本的条件。如果你不想再过贫穷的日子，就要有创富的欲望，并让这种欲望时时刻刻鞭策你、激励你，让你向着这一目标坚持不懈地前进。创富的欲望是创造和拥有财富的源泉。

你怎样思考，你就会怎样去行动。你要是强烈渴望致富，你就会调动自己的一切能量去追求财富，使自己的一切行动、情感、个性、才能与创富的欲望相吻合。这样，经过长期的努力和调节，你便会成为一个你所渴望的创富者，使创富的欲望变成现实。相反，你创富的欲望要是不强烈，一遇到少许挫折，便会偃旗息鼓，将创富的欲望淡化或压制下去。

历史和现实都可以证明，欲望的力量可以使穷人变成富翁，使失败者重整旗鼓，使残疾人享有健康……欲望的力量就在于，使人在强烈的欲望冲动下，把那些不可能的事变成可能，把"自己不行"的卑微感彻底抛开，昂首阔步地走向成功。尤其是在创富过程中，欲望越强烈，成功的可能性就越大，离成功的目标也就越近。

巴尼斯就是这样。50年前，巴尼斯从新泽西州的奥伦芝的货运列车上爬下来时，他的外表也许像一名乞丐，但是他却具有国王一样的思想。

他通过铁路走向爱迪生办公室的途中，想象自己站在爱迪生的面前，听见自己要求爱迪生给他一个机会，以实现他一生着了迷似的炽烈欲望——要做这位伟大发明家的商业伙伴。数年之后，巴尼斯再度站在爱迪生的面前，站在与爱迪生初次会面时的同一间办公室里，这一次他的欲望已经转变为事实：他和爱迪生成为合作伙伴了，支配他一生的理想终于实现了。

这就是欲望的力量。事情就是这样，你只有喜欢钱，钱才会来，这也就是要致富，首先得敢致富。

你也许会抱怨，在你并未实际得到这笔钱之前，你不可能"看见自己有钱"，但这正是炽烈的欲望所能为你提供的帮助。如果你真的十分强烈地渴望有钱，进而将你的这种欲望演变为魂牵梦萦的意念，你便毫无困难地使你自己"相信"你会得到它。

只靠学校教育成不了亿万富翁

在现实生活中，经常有人这样认为："只要把学上好了，财富自然就有了。"这个论断到底正确与否？在回答之前，我们先来看这样一项调查。

据有关部门一次对中国 15 个省市千万富翁调查的结果显示：

受教育程度为硕士及以上者为 310 人，占比 3.1%；大学本科 2420 人，占比 24.6%；大学专科 2503 人，占比 25.4%；高中 2230 人，占比 22.6%；初中 1201 人，占比 12.2%；中专 1026 人，占比 10.4%；小学 172 人，占比 1.7%。

从调查结果来看，中国的千万富翁受教育程度集中在中学、大专、本科上，平均值在大专水平，本科学历的富翁中以年轻人居多。由此可见，能否成为富翁，其关键并不在于学历的高低。

从现实中的事例来看，挣钱也许并不需要多么高的教育背景、多么高的学历。许多成功人士没有受过多少学校教育，或在获得大学学位前就离开了学校。这些富人中有通用电气的创始人托马斯·爱迪生、福特汽车公司的创始人亨利·福特、微软的创始人比尔·盖茨、CNN 的创始人泰德·特纳、戴尔计算机公司的创始人米歇尔、苹果电脑的创始人斯蒂夫·乔布斯，以及保罗品牌的创始人拉尔夫·劳伦。

也就是说，高学历并不代表着高成功率，学历代表过去，能力代表将来。日本西武集团主席堤义明认为，学历只是一个人受教育时间的证明，不等于一个人有多少实际的才干。日本索尼公司董事长盛田昭夫在总结自己的成功时，曾写过一本书叫《让学历见鬼去吧》。盛田昭夫提出要把索尼公司的人事档案全部烧毁，以便在公司里杜绝学历上的任何歧视，因为那样会阻碍公司的发展。他在索尼公司大力提倡不论学历高低，只比能力大小的做法。

学知识、拿文凭是一种好现象，但轻视低学历却是一种怪现象了。一个人的理论知识可以通过在学校接受教育或者自学来培养，日后的发展只能在实践中锻炼。要把理论与实践有机地结合起来，通过努力来不断适应社会发展和市场发展的需要。只有找到了适合自我的工作需求，并在其中创意地工作，你才能超越一般的劳动者，成为人才。

需要再次强调的是，文凭或学位也许能帮助你找一份工作，但它不能保证你在工作上的进步和你赚取财富的多少。商业最注重的是能力，而不是文凭。对某些人来说，教育意味着一个人的脑子里储藏着多少信息和知识，但死记硬背事实、数据的教育方法不会使你达到目的。目前，社会越来越依靠书本、档案和机器来储存信息，如果你只能做一些一台机器就能做的事情，那你就真的会陷入困境了。

真正的教育、值得投资的教育是那些能开发和培养你的思维能力的教育。一个人受教育的程度如何，要看他的大脑得到了多大程度的开发，要看他的思维能力。但亿万富翁并不是一纸文凭所能成就的，只要你时刻锻炼自己大脑的思维能力，即使你没有接受多么高深的学校教育，你也能成为亿万富翁。相反，如果你只去死记硬背知识，而不开发自己的大脑，即使你是博士生，也只能贫穷一生。

思路突破：赚钱能力是通过积累和学习而来的

在现实生活中，穷人总认为富人赚钱一定有秘诀，不然不会那样轻易就成功的。假设富人真的有秘诀的话，那就是善于学习别人的经验，也就是说，用已经证明有效的方法来帮助自己成功。穷人之所以没有成功，是因为他们不去学习别人的经验，都只是在用自己的经验。

　　只要你能够了解成功的人做哪些事情、采取哪些行动，只要你能跟他们做同样的事情，你就一定可以成功。

　　但富人学习，不是盲目地学，而是知道自己应该学什么，学这些东西干什么用。富人学东西，都是主动地学，哪怕所学的东西在当时看起来可有可无。

　　富人无论选择学什么，都是用心去掌握所学知识与技能的精髓，并要求自己能学以致用，而且能举一反三。他能把所学的东西变成改变自己命运的力量，变成自己真正的财富。

　　经验的累积，在过程上非常复杂。失败中可能有成功，成功之中也可能包含着失败。一个人只要每天反省他的为人处世，找出成功、失败的原因，再加以分析检讨，默记于心，当作将来为人处世的参考，这就是经验。如果不知道反省，只会糊里糊涂地过日子，经验从哪里来呢？所以从"经验"的意义来看，经营者把业务交给部属，就是让他们有增加经验的机会。相反，如果要求部属依令行事，那就等于把部属当成一部机器，只会被动地运转，然后渐渐老化，最后报废，又怎能增加经验呢？

　　积累经验，不仅要做有心人，还要做勤快人。经验教训时处都有，小事上也可能有大经验、大教训，故而不能疏忽、偷懒，否则就有可能放过一个个的机缘。

　　经验的累积，见闻是必不可少的，但仅此远远不够，最重要的应该是体验。"百闻百见，不如一次体验"，正是松下幸之助的经验之谈。松下把体验置于见闻之上，指出其对人生的重要。他说："我们不能日复一日，虚度人生，要不断累积体验。无论是站在什么立场，这都是很重要的。"

见闻和体验都是获取知识和能力的途径。从体验中获取的知识、养成的智慧、锻炼的能力，比单纯的智慧更有实践意义。这并非否认口耳相传、书本相传的智慧和能力，而是说体验得来的智慧和能力对于个体来说更有价值，对于生活实践来说更有作用。

总之，一个人要想成为亿万富翁，就不要满足于从书本上获取的知识，而应寻找各种机会跟成功者在一起的机会。你要成为什么行业的顶尖人物，就必须跟这个行业的顶尖人士在一起。只要你能够进入那个环境，跟他们学习，你一定可以得到你要的结果。同时，也要积极实践，在曲折前进中累积教训，培养能力，如果你能一直这样坚持，那么你离成功也就不远了。

钱要用在合适的地方

英国著名文学家罗斯金说："通常人们认为，节俭这两个字的含义应该是'省钱的方法'。其实不对，节俭应该解释为'用钱的方法'。也就是说，我们应该怎样去购置必要的家具，怎样把钱花在最恰当的用途上，怎样安排在衣、食、住、行，以及教育和娱乐等方面的花费。总而言之，我们应该把钱用得最为恰当、最为有效，这才是真正的节俭。"

生活中有许多时候，我们是可以花最少的钱而取得最大的效益。做图书策划的黎先生在穿衣上很讲究，却又讲究经济实惠，据说这是在大学里跟一个日本留学生学的：花 1/3 的钱买经典名牌，多数在换季打折时买，可便宜一半；另花 1/3 的钱买时髦的大众品牌，这一部分投资可以使你紧跟形势，形象不至于沉闷；最后花1/3的钱在买便宜的无名服饰上，如造型别致的T恤、白衬衫、工装裤、夹克等，完全可以依照你自己的美学观点去选择。有时，从外贸小店里找来的无名的运动夹克，配上名牌休闲T恤和长裤，那种"为我所有"的创造性的发挥，才显示个人眼光及品位。

像黎先生这样的人在如今的城市里并不少见，他们经历了大张旗鼓地买名牌、穿名牌的奢侈消费时代后，逐步倾向理性消费，能够主张在风险不大的开销上不拘一格，能省则省。其实，生活中就是这样，不一定花钱才能买到大效益，"把钱花在刀刃上"才是最好的用钱之道。

工作已经有四五年的小蓓近来忽然间发现，钱越挣越多了以后自己的消费方式也发生了变化。曾一度爱赶时尚潮流的她现在消费越来越理性，不仅不再盲目追时髦、比阔绰，而且也开始学会勤俭持家了。比如把洗衣、洗菜水攒起来冲厕所，省钱是一方面，关键是节省了紧缺的水资源。

出行方面，小蓓也曾考虑过买车，考虑北京交通的复杂状况以及朋友帮她算过账，她毅然选择坐公交车或打车的出行方式。从家到单位7千米，有一趟直达的空调公交车，再加之不用朝九晚五地赶时间的工作，现在她一直坐公交上班，晚上玩得晚了就打车回家。这样每年给她节省下来的钱她都用在假期和父母一块出游上了。

现在人们生活都讲究品位，但小蓓更追求回归自然的生活方式。闲下来的时候她更愿意徒步逛逛后海，累了找个石凳坐坐。有时还会去爬香山喂松鼠，再给可爱的松鼠买上两块钱的花生，体会人与自然融合的惬意，比花五六千元钱办一张健身卡跑到室内呼吸别人的废气舒服得多。她越来越相信一个道理：幸福不与花钱多少成正比，最关键的是钱要花在刀刃上。

在现实生活中，人们往往认为有钱就能解决一切问题，于是在生活的方方面面常是"慷慨解囊"，一掷千金。其实，这是一种盲目的浪费行为，金钱只有用在合适的地方，才能发挥它的最大效应，盲目乱用，只能造成无谓的浪费和损失。

思路突破：把钱花在刀刃上

要想做到把钱花在刀刃上，那么对家中需添置的物品要做到心中有数，经常留意报纸的广告信息。比如：哪些商场开业酬宾，哪些商场歇业清仓，哪里在举办商品特卖会，哪些商家在搞让利、打折或促销活动等。掌握了这些商品信息，再有的放矢，会比平时购买实惠得多，如果你没有事先准备，想想你口袋中的钱，还能办那么多的事吗？

要培养节俭的习惯，但同时也要注意绕开节俭的沼泽地。

"没有投资就没有回报"，"小处节省，大处浪费"，还有许多家喻户晓的谚语都反映了错误的节约不仅无益反而有害的常识。

有些人浪费了大量的时间，用错误的方法来节省不该节省的东西。有个老板曾经制定了这样一条规矩，要他的员工不顾一切地节省包装绳，即使要耗费大量的时间也在所不惜。他还要求尽量省电，而昏暗的店面让许多顾客望而却步。他不知道明亮的灯光其实是最好的广告。

你不能以心智的发展和能力的提高为代价来拼命节约，因为这些都是你事业成功的资本和达到目标的动力，所以不要因此扼杀了你的创造力和"生产力"。要想方设法提高能力和水平，这将帮助你最大限度地挖掘你的潜力，使你身体健康，感受到无比的快乐。

一个人能否拿出 10 至 15 元钱参加一次宴会，这本身并不是什么问题。他可能为此花掉了 15 元钱，但他也许通过与成就卓著的客人结交，获得了相当于 100 元钱的鼓舞和灵感。那样的场合常常对一个追求财富的人有巨大的刺激作用，因为他可以结交到各种经验丰富的人。在自己力所能及的情况下，对任何有助于增进知识、开阔视野的事情进行投资都是明智的消费。

如果一个人要追求最大的成功、最完美的气质和最圆满的人生，那么他就会把这种消费当作一种最恰当的投资，他就不会为错误的节约观所困惑，也不会为错误的"奢侈观念"所束缚，而是要把钱花在合适的地方。这样才能良好地理财，也才能发挥出钱财的最大效应。

创新精神缔造财富

有人说知识改变命运，其实仅靠知识是难以改变命运的。一个富翁和一个穷人的收入可以相差成千上万倍，难道他们的知识也相差成千上万倍吗？何况好多自诩才高八斗、学富五车的人不照样穷困终身吗？反而有些读书不多的人却能富甲一方。要问他们的钱来自哪里，就是来源于头脑，来源于不断创新的观念。近年来，王永庆虽然已经慢慢淡出了台塑集团的决策层，但仍然影响着台塑的每一个员工。王永庆成就着台湾的经营神话，同时，在不断变化的经济环境下，他带领台塑的全体员工，以更为高远的眼光，审视着未来，寻找更大的发展空间。

早在20世纪80年代，那时候电脑还远未及今天这样普及。不过，一向对新事物情有独钟的王永庆就开始积极推动台湾企业的电脑化管理。为了改善石化产业中许多中小企业的经营管理状况，他指派资深的主管担任讲师，举办了16个小时的"管理电脑化课程"，向他们传授如何运用电脑来做好经营管理方面的工作，从而节约管理成本。

当时，由于适合企业管理的软件很少，所以许多中小企业即使购置了电脑，也没有充分地加以利用。王永庆苦口婆心地劝道："要跟上时代啊！就算是阎罗王，过去人少，他只要翻翻生死簿就行了，现在人这么多，恐怕他也要用电脑啦！"

后来，为了进一步推动电脑化管理，王永庆甚至选派人员，专门去给5家中小企业建立管理制度的电脑化作业，从建立管理制度到培训电脑人员及设计软件工程规划，都进行了全程的指导，可以说是不遗余力。

当时，有人对王永庆的这种做法很不理解，认为他不会"省事"，为什么不拿台塑的软件照抄呢？王永庆对这种"投机取巧"的做法并不以为然，他认为，如果让这些企业照抄台塑的，只不过是让他们学到了皮毛，那就不是诚心帮助他们。除非这些厂商自身从小处一点一滴做起，否则就不能学到"管理电脑化"的精髓。

王永庆时常都能提出一些全新的观念和思路，这些观念和思路常能引起人们的深思，并开创出一个新兴的产业。

创新对于创富具有十分重要的意义。俗话说："流水不腐，户枢不蠹。"对于创富的经营者来说必须永葆创新的青春，才能立足于商海。一旦你停止了创新，停止了进取，哪怕你是在原地踏步，其实也是在后退，因为其他的创富者仍在前进、在创新、在发展。

"创新者生，墨守成规者死"，这是一条被无数事实证明了的真理。很多经营者不懂得这个规律，稍有成就就裹足不前，坐吃老本，不再创新，不再开拓，妄求保本经营，结果不到几年，就落伍了，被时代前行的波浪淘汰了。不只是个人命运，观念的更新也是一个国家、一个民族兴旺发达的不竭动力。思想解放、观念变革在任何时期都是经济发展的先声。

思路突破：先模仿后创新

创新往往都源自模仿，先要学习别人的成功经验，才能少走弯路。但是模仿，并不意味着生搬硬套，而是在借鉴别人优点的基础上，探索出一条适合自身的更快更好的道路。

温州人的生意是从青菜、小葱、小鸡、小鸭之中做出来的，因此，没有模式，没有传统。像纽扣、皮鞋、服装和打火机，最初都是模仿来的。纽扣只要从外地或国外买来的衣服上拆下几颗，仔细研究一番就能够生产；皮鞋仿意大利的；服装仿法国的；打火机仿日本的。

温州有很多的人散居在世界各地，当他们从国外回到了家乡，穿着和用品就成了有心生意人的目标。到手以后，用一夜的时间就可将它解剖完毕，当这个人将要出国的前夕，他看见跟自己使用的东西一样逼真、一样精美的仿制品已经摆在了橱窗上，这往往使他们惊叹不已。

因此，原先温州人的主导产品大多为易解剖、具有一定手工技能的东西，而像电脑、手表甚至化妆品等具有较大难度的产品，就不在模仿之列了。

温州人善于模仿，可并不是单纯的模仿，而是变通和创新。温州企业家成功的故事中自然少不了创新，他们创新的共性是创新中渗透着精巧、实用与节约。

走进苍南县温州顺发塑料厂那宽敞明亮的车间，呈现在人们面前的是一个五彩缤纷的世界。

这个中国最大的彩色塑料编织袋生产厂家，拥有固定资产2 200万元，有3条特大型国内最先进的全自动编织袋生产线。产品获得了中国进出口商品质量体系认证中心颁发的 ISO9002 国际质量体系认证，国内几大饲料生产集团，例如希望集团、正大集团，均是它的客户。

这个企业发展壮大的秘诀完全得益于一个极其朴素的创意。老板蔡福集和许多的温州老板一样，也是购销员出身。建厂初期，他的产品也是普通白色塑料编织袋，市场竞争的激烈使得一条编织袋只能赚3分钱。蔡老板受其他购销员的启发萌生了生产彩色塑料编织袋的念头。因为当时该产品的一个主要用途是用做饲料的包装物，饲料的品种繁杂，猪牛羊，鸡鸭鹅所食用的饲料均源于不同的配方，区别不同饲料的方法是饲料包装物上的洋字码及汉字。如此标志让文盲、半文盲的农民很伤脑筋，而且由于标志的不明显，不同的饲料不能堆放在一起，也较多地占用了库房的面积。蔡老板等人的创意是使用色彩做标志（当然并没有弃用文字），红色的装猪饲料，绿色的装鸡饲料，黄色的装鸭饲料……方便识别、方便堆放，不识字的农民可以识色，而用色彩做标志能提高识别的效率。

多么朴实的创意！若不是对农民有足够的了解，怎能有这般新奇的创意？没有这般新奇的创意，也不可能有顺发塑料厂的今天！

勇于开创自己的事业

曾经有人说："淘金者需要梦想，发财者需要胆量。"一个人若想成为亿万富翁，创业是一条途径。

在生活中，许多人都仅满足于当一名雇员，替别人打工。生活虽然有保障，但永远不会大富大贵。而有些人却选择做企业主或投资者，因为他们更相信自己的能力和眼光，选择做企业主和投资者更能够充分发挥自己的创造力。他们都是善于抓住机会的人，一旦有了一个很好的机会，他们就会去投资或创业。但如果你只是想当一名雇员的话，那么即使有好的机会也无法抓住。他们还具有强烈的欲望，总是希望自己能够干一番大事，这也是为什么他们会选择做企业主和投资者的原因。

惠尔特和普克德在大学毕业之后，曾有段时间饱尝了寻找工作的苦。后来他们有所领悟，转变了思维观念：与其找工作，不如自己创业，为别人提供创业机会。摆脱了受雇于人的思想束缚，他们决定干自己的事业。两人合伙凑了538美元，在加州租了一间车库，办起了公司，分别取二人姓名中的第一个字母为公司名称，这就是后来闻名于世的惠普公司。

创业之初，迎接他们的是凄风苦雨：他们苦心研制出的音响调节器推销不出去；试制出的发球出界显示器无人问津。但这并没有使两个人气馁，他们依然雄心勃勃，夜以继日地研究、改进，四处奔波去推销。功夫不负有心人，他们研制的检验声音效果的振荡器开始有了几个买主，这令他们感到欣慰。第二年，他们的辛苦终于有了回报，赚了1563美元。

他们为自己赚的1563美元感到高兴，同时也深深地感受到了创业的艰辛，又从这艰辛中体验到了常人无法感受的快乐。

20世纪70年代初，普克德凭着他在商海搏击的经验，认为微电子是工业的未来。于是普克德为惠普定了决策，在"硅谷"创业，以微电子工业作为惠普的发展方向，他们在后来的业务活动的开展中自始至终坚持这一发展方向。1972年，惠普研制出世界上第一台手持计算器，这一研制成果为微电脑的开发提供了条件。手持计算器成为微电脑的重要组成部分。1984年，惠普又研制出激光喷墨打印机。时至今日，惠普在电子计算机硬件技术方面仍然是首屈一指的，是全世界微电子工业重要的电子元器件、配套设备供应商之一。

人生面临着无数次选择，离校步入社会寻找用人单位几乎是每个人就业的思维方式。你本可以自己独辟一片天地，可如果跳不出这个思维方式，就只能四处奔波找工作。

世界上的确有一批幸运儿，他们无须历经创业的磨难，轻而易举就能获得大笔财富。但是，我们也看到过这样不争的事实，财富使许多富家子弟越来越穷困。这是因为富家子弟只会守业而不善于创业，缺乏先辈的创业精神，并且常出现挥金如土的"二世祖"，或许等不到先辈过世，其万贯家财便已挥霍一空。更重要的是，不劳而获的财富，是最容易消磨一个人的意志、智慧和品质的。

因此，靠自己获取财富的首要途径，就是要勇于自己创业！

思路突破：创业前做好思想和物质准备

每年都有很多人投入到创业的大潮中，他们当中有的成功了，享受到了创业带来的荣誉与财富；有的失败了，失去了所有的积蓄，甚至还背上了沉重的债务。商海中起起伏伏，成功与失败在不停地交替上演。因此，在你决定创业前，一定要先审视自己是否做好了充分的思想和物质准备。

作为一个雇员和一位老板，由于两者所处的位置不同，他们的责任和感受也截然不同。

如果你打算从雇员转变为老板，先问问自己能否接受其中的转变。为此你要有以下的准备：

1. 安全感

在创业之初，这种感觉很少能体会到。因为这个阶段，你只是在自己预期目标的支配下努力着，但预期目标并未实现，它的实现过程需要你的付出，包括对未来事业的规划与忧虑。有一些私人企业会因为缺乏准备、缺乏资金、缺乏精力以及缺乏对生意的敏锐度而告失败。私人企业就像赌博，无论赌注大小都会有输赢两种情况，只不过赌注大小和输赢大小因人而异罢了！

2. 地位

作为受雇者，如果有一辆公司的配车，人们总是把你想得比拥有一辆私人轿车的人来得重要。因为，这是一个地位的标志，表明你在公司很受重用，表明你所从事的工作已小有所成。而经营个人企业时，这种地位的取得却没有那么容易。你需要付出许多努力，在事业有一定根基后，才能得到社会的认同。而这个努力的过程无法预知有多长，它是你的机遇和努力程度共同作用的结果。

3. 财富

你可能会拥有财富。但这只是一种可能，在生意场上，有赔有赚很正常，不要认为做生意一定能赚钱，"下海"前要先了解自己的"水性"怎样。做生意发财是目的，但同样也要有足够的心理准备，赔了就当交学费了。当你有了这种承受能力后再涉足商海，才是明智的决定。

4. 家庭生活

你也许认为，作为一个私企老板，你可以每天在家工作，你可以与家人在一起。但实际上，你不但不可能真正地与家人拥有很多的闲暇时间，相反，你的工作时间可能比一般受雇者更多。尤其在创业初期，许多意想不到的工作会耗费你大量的时间，每天的24个小时差不多要被你用成每天工作25个小时。

如果你能勇敢地承受以上的各项要求，接下来就应该做好创业的准备工作。

（1）选择创业的行业。最好选择自己熟悉而有能力掌握的行业。先审慎检视一下创业的时机以及自己的适合条件，对市场必须深入了解，行销计划必须具体可行。

（2）寻求志同道合，真正能共创事业、同甘共苦的合作伙伴。因为在创业过程当中，人才扮演着极为重要的角色。

（3）预测可能遇到的困难，并评估自己的实力是否能承受。

（4）充裕的资金计划。如果可能，多筹措一些资金是最理想的。无可否认，如能预先妥善规划详尽的资金运用表，当然会倍增奋斗的信心以及成功的概率。

（5）做好最坏的打算。如果市场或者经营环境发生变化而无法按照预定计划执行时，要如何应变？如何掌握东山再起的机会？

如果你确认自己做好了创业的思想和物质准备，并且确定经营个人企业是适合自身发展的，那么不要犹豫，坚定信心，立即行动起来吧！

流动的金钱才能创造价值

生命在于运动，财富也在于运动。作为金钱，可以是静止的，而资金必须是运动的，这是市场经济的一般规律。资金在市场经济的舞台上害怕孤独，不甘寂寞，需要明快的节奏和丰富多彩的生活。把赚到的钱存在手中，将它静置起来，总规不如合理的投资利用更有价值，也更有意义。

犹太人的金钱法则就是：钱是在流动中赚出来的，而不是靠克扣自己攒下来的。他们崇尚的是"钱生钱"，而不是"人省钱"。有个犹太商人说："很多人如果把钱流通起来，就会觉得生活上失去了保障。因此，男人每天为了衣、食、住在外面辛苦工作，女人则每天计算如何尽量克扣生活费存入银行。人的一生就这样过去，还有什么意思呢？而且，当存折上的钱越来越多的时候，在心理上觉得相当有保障，这就养成了依赖性而失去了冒险奋斗的精神。这样，岂不是把有用的钱全部束之高阁，使自己赚钱的机会溜走了吗？"

一位理财学者曾这样说过："认为储蓄是生活上的安定保障，储蓄的钱越多，则在心理上的安全保障的程度就越高，如此累积下去，就永远不会得到满足，再说，哪有省吃俭用一辈子，在银行存了一生的钱，光靠利滚利而成为世界上有名的富翁的人？"

不少人认为钱存在银行能赚取利息，能享受到复利，这样就算是对金钱有了妥善的安排，已经尽到了理财的责任。事实上，利息在通货膨胀的侵蚀下，实质报酬率接近于零，等于没有理财。

每一个人最后能拥有多少财富，是难以预料的事情。唯一可以确定的是，将钱存在银行只能保证生活安定，而想致富，比登天还难。将自己所有的钱都存在银行的人，到了年老时不但不能致富，常连财务自主的水平都无法达到，这种事例在现实生活中并不少见。选择以银行存款作为理财方式的人，无非是让自己有一个很好的保障，但事实上，把钱长期存在银行里是最危险的理财方式。

通常贫穷人家对于富人之所以能够致富，较正面的看法是将其归于富人比自己努力或者他们克勤克俭，较负面的想法是将其归之于运气好或者从事不正当或违法的行业。但这些人万万没想到，真正造成他们的财富被远抛诸于后的，是他们的理财习惯。因为穷人与富人的理财方式不同，穷人的财产多是存放在银行，富人的财产多是以房地产、股票的方式存放的。

一位成功的企业家曾对资金做过生动的比喻："资金对于企业如同血液对于人体，血液循环欠佳导致人体机理失调，资金运转不灵造成经营不善。如何保持充分的资金并灵活运用，是经营者不能不注意的事。"这话既显示出这位企业家的高财商，又说明了资金运动加速创富的深刻道理。

其实，经营者最初不管赚到多少钱，都应该明白俗话中所讲的"家有资财万贯，不如经商开店""死水怕用勺子舀"这个道理。生活中人们都有这样的感觉，钱再多也不够花。为什么？因为"坐吃山空"。试想，一个雪球，放在雪地上不动，它永远也不可能变大；相反，如果把它滚起来，就会越来越大。钱财亦是如此，只有流通起来才能赚取更多的利润。

从经济学的角度看，资金的生命就在于运动。资金只有在进行商品交换时才产生价值，只有在周转中才产生价值。失去了周转，不仅不可能增值，而且还失去了存在的价值。如果把资金作为资本，合理地加以利用，那就会赚取更多的钱。

当然从事经营，风险是时刻存在的。古人讲："祸兮福之所倚，福兮祸之所伏。"赢利是与风险并存的。

在金钱的滚动中，在资本的运动中，发挥你的才智，开启你的财商，你就可能成为新的富豪。

中篇 ◆ 好方法

第一章

方法总比问题多

凡事找借口的员工，一定是单位里最不受欢迎的员工；凡事找方法的员工，一定是单位里优秀的员工！对于职场人士来说，当遇到问题和困难时，能否主动去找方法解决，而不是找借口回避责任，这一点，对他在职场中能否成功和发展具有决定性作用。

方法是解决问题的敲门砖

日本的火箭研制成功后，科学家选定 A 海岛做发射基地。经过长久的准备，当进入可以实际发射的阶段时，A 岛的居民却群起反对火箭在此发射。于是全体技术人员总动员，反复地与岛上居民谈判、沟通，以寻求他们的支持与理解。可是，交涉却一直陷入泥淖状态，虽然最后终于说服了岛上的居民，可是前后却花费了 3 年的时间。

后来他们重新检讨这件事情时，发现火箭的发射基地并不是非 A 岛不可。当时只要把火箭运到别的地方，那么，3 年前早就完成发射了。可是此前，却从来没有人发现这个问题。当时他们太执着于如何说服岛民的问题上，所以才连"换个地方"这么简单而容易的方法都没有想到。

在我们的工作和生活中，类似的例子屡见不鲜。销售经理也经常对业务受挫的推销员说："再多跑几家客户！"上司常对拼命工作的下属说："再努力一些！"但是这些建议都有一个漏洞。就像有人曾经问一位高尔夫球高手："我是不是要多做练习？"高尔夫球高手却回答道："不，如果你不先把挥杆要领掌握好，再多的练习也没用。"

一个人之所以能成功，很多时候并不是看他是否勤奋和努力，更多时候是看他能不能迅速地找到解决问题最简单的方法。

美国前总统罗斯福在参加总统竞选时，竞选办公室为他制作了一本宣传册，在这本册子里有罗斯福总统的相片和一些竞选信息，而且要马上将这些宣传册印刷出来。可就在要分发这些宣传册的前两天，突然传来消息说这本宣传册中的一张图片的版权出现了问题，他们无权使用，这张照片归某家照相馆所有。可是时间已经来不及了，可如果这样分发下去，将意味着一笔巨大的版权索赔费用。

一般情况下的做法是派人去这家照相馆协调，以最低的价格买下这张照片的版权。可是竞选办公室并没有这样做，他们通知该照相馆：总统竞选办公室将在他们制作的宣传册中放一幅罗斯福总统的照片，贵照相馆的一幅照片也在备选之列。由于有好几家照相馆都在候选名单中，所以竞选办公室决定借此机会进行拍卖，出价最高的照相馆会得到这次机会。如果贵馆感兴趣的话，可以在收到信后的两天内将投标寄出，否则将丧失竞价的机会。

结果，很快竞选办公室就收到这家照相馆的竞标和支票。这本来是一个应向对方付费的问题，由于找到了合适的方法，却变为对方付费的问题！

运用正确的方法，竞选办公室不仅解决了问题，而且还把问题变成了机会。法国物理学家朗之万在总结读书的经验与教训时深有体会地说："方法得当与否往往会主宰整个读书过程，它能将你托到成功的彼岸，也能将你拉入失败的深谷。"

英国著名的美学家博克说："有了正确的方法，你就能在茫茫的书海中采撷到斑斓多姿的贝壳。否则，就会像瞎子一样在黑暗中摸索一番之后仍然空手而回。"

这些话中所包含的道理并非仅指读书，生活中的许多时候，方法是十分重要的。当面对一个难题时，我们不仅需要良好的态度和精神，需要刻苦和勤奋，而且需要掌握科学的方法。

方法比敬业更重要

在美国企业中流传这样一句话："上帝不会奖励只知道努力工作的人，而是会奖励找对方法工作的人。"一旦方法对路，工作中的难题也就容易解决，一个人的工作能力也就凸显出来了。

无论是世界 500 强企业，还是一般的民营企业，都会遇到这样的问题：员工缺乏创新意识，不会创造性地解决问题；员工只知道一味地苦干，而不知道怎样提高工作效能；员工只知道完成任务，不懂得做企业发展真正需要的事……造成这些问题的根源就在于方法上的缺失。员工在思想上只重视行动而忽略方法，只注重苦干不注重效能。方法是提升工作效能的关键，很多人工作业绩不理想并不是因为他们不勤奋、不敬业，而是因为没有找到正确的方法。

一天，日本有名的琴师铃木被邀到一个琴厂去讲演。厂长说："我的员工并不是不敬业，但说实在的，厂里有30人左右手指尖反应太慢，工作效率极低，您能帮忙想想办法吗？"铃木略加思考后，建议工人们每天提前1个小时下班去打乒乓球。半年以后，厂长给铃木寄去了感谢信，说工人们的工作效率大大提高了，真是太感谢了！

铃木的建议之所以成功，是因为他发现了一条永恒的真理：提升员工的工作效能，使他们达到卓越工作的最佳境界，中间必不可少的方法是"酵母"的作用。打乒乓球可以锻炼身体和头脑同时协调工作，用手指尖劳动的员工经过不懈的训练后，自然有利于上班时"手快起来"。由此可见，勤奋和敬业并不能保证良好的工作业绩，找对方法才是提升工作绩效的关键。

联想集团有个很有名的理念："不重过程重结果，不重苦劳重功劳。"这是写在《联想文化手册》中的核心理念之一。在这个手册中，还明确记录道：这个理念，是联想公司成立半年之后开始格外强调的。联想为什么会着重强调这一理念呢？原来这一理念的提出源自联想的创始人柳传志早年刚刚创建联想的一段经历。

联想刚刚成立时，只有几十万元，却由于过于轻信他人，被人骗走了一大半资金，使公司元气大伤。毫无疑问，刚刚创业时候的联想，大家都很有干劲和热情，很有一种敬业的精神。但是，光有干劲和热情，光有敬业的精神，并不能保证财富增加与事业的成功。不仅如此，商场如战场，光有善良、热情、好心等品质，如果缺乏智慧和方法，完全可能给企业造成巨大的损失！

吸收了这一教训，联想后来做事不仅越来越冷静、踏实，而且特别重视策略、方法。联想自成立至今，它已经从几个下海的知识分子的公司，变为了一家享誉海内外的高科技公司。它之所以有这样大的发展，毫无疑问与这个核心理念密切相关。

我们经常听到某些人讲："没有功劳也有苦劳。"苦劳固然使人感动，但是在市场经济体制下，只有那些做出实际业绩，能够为企业创造实实在在业绩的人才能够赢得公司的青睐，才能够获得更好的发展。

一位曾在外企供职多年的人力资源总监颇有感触地说："所有企业的管理者和老板，只认一样东西，就是业绩。老板给我高薪，凭什么呢？最根本的就要看我所做的事情，能在市场上产生多大的业绩。"现在就是一个以业绩论英雄的时代，业绩是衡量人才的唯一标准。

不管你的能力如何，不管你是否敬业，你想在公司里成长、发展、实现自己的目标，需要有业绩来保证你实现你的梦想。只要你能创造业绩，不管在什么公司你都能得到老板的器重，得到晋升的机会，因为你创造的业绩是公司发展的决定性条件。而要创造出良好的业绩，只是单纯的敬业是不够的，关键是你必需要找到正确的方法。

业绩至上，方法至上。仅仅会埋头苦干、不问绩效的"老黄牛"的时代已经过去了，企业更需要能插上效益翅膀的"老黄牛"。

发现问题才有解决之道

爱因斯坦说："发现问题，提出问题，比解决问题更重要……因为解决问题也许仅是一个数学上或实验上的技能而已，而提出新的问题、发现新的可能性，从新的角度去看旧的问题，都需要有创造性的想象力，而且标志着科学的真正进步。"

的确，解决问题的能力很重要，对于个人或是事物的发展和成功都是必不可少的。但发现问题并不比解决问题逊色，有时甚至比解决问题来得更重要。

解决问题是个人能力的综合，而发现问题更是个人水平的体现。无法创造性地使用知识，无法发现问题，那是毫无用处的，而且往往很容易让我们陷入问题所带来的困境。唯一让我们不陷入问题所带来的困境中的方法，就是主动寻找问题。成功需要人们寻找解决问题的方法，但成功更需要我们有超越他人的发现问题的能力。"电话之父"贝尔的成长经历就是一个很好的例子。

贝尔原是语音学教授，一天他在家修理电器时偶然发现，当电流接通或截断时，螺旋线圈会发出噪音。于是他想，是否能以电传送语音甚至发明电话？

这一设想一提出，立即遭到许多人的讥笑，说他不懂电学才会有如此奇怪的想法。贝尔的确一点也不懂电学，但他并没有放弃，而是千里迢迢前往华盛顿，向美国著名的物理学家、电学专家约瑟夫·亨利请教。亨利对他的想法给予了充分肯定，并鼓励贝尔去学习电学知识。

亨利的肯定对贝尔产生了很大的影响，他辞去了教授职务，一心扎入发明电话的试验中。他刻苦用功地学习着电学知识。两年后，世界上的第一部电话，由贝尔试验成功。

为何电话不是由那些懂得电学知识的专家发明的，而是由一个语音学家发明的？只因为他善于发现问题，使他比别人更快地找到了"市场的标靶"和可以奋斗的目标。而相关知识，即使一时不具备，也可以去学。

一个人具有某方面的能力是很重要的。但真正想获得成功，他还必须具备捕捉问题的能力。

当然，发现问题并不等于是解决了问题，我们也并不期许所有的问题被解决时，就是完美的。问题的解决有待社会的发展、个人能力的提高。但是不可否认，有了发现才能有所认识，提出问题才可能解决问题，发现问题是解决问题的第一步，也是重要的一步。

4000多年前，我们的祖先黄帝发现了"磁石"可指南的现象，因而设计了"指南车"，并用于战争；哥白尼发现了"地心说"的谬误而提出了"日心论"的科学假设；马克思发现了"资本的剩余价值"而提出了"科学社会主义"的构想；爱因斯坦12岁时就提出"假如我以光速追随一条光线的运动，那会看到什么现象"，这个问题最终成为他一生为之奋斗的目标，并获得了巨大的成功……

创造奇迹的关键，在于具备一双发现的眼睛。生活需要发现的眼睛，问题需要发现的眼睛。许多伟大的发明和创造都是从不经意的发现开始，难题的解决也基于它本身的发现，或许只是一个简单的想法，一个美丽的假设。但正是因为问题的发现，它才得到了关注和认识，才有了解决的可能。

不只一条路通向成功

生活中，我们不可能总是一帆风顺，做任何事情都能获得成功。当一条路已经走不通时，如果还继续坚持，那就是走入了死胡同。此时，积极思考、大胆开拓新的道路，将会给你带来意想不到的成功与收获。物质和知识的贫穷不是最可怕的，最可怕的是想象力和创造力的贫穷。随着生活的发展，很多事物都在发展变化。如果你能够随着时代的发展而发展，寻找多条通往成功的道路，你就会永远立于不败之地。

在现实中，有许多问题、情况是我们过去遇到过或是别人遇到过的，所以我们习惯按照既定的方法或常规的思路去解决。不错，经验的确能帮助我们省去许多麻烦，但是同样也会让我们走入一种思维定式，让我们忘记。其实有许多方法都能解决问题，甚至有的方法更快更好，只是因为我们不熟悉，没有采用过，只是因为我们习惯于用某种思路或方法解决困难，所以我们固执地认为除了这种方法，根本无他路可走。

但事实真是如此吗？许多情况下，解决问题的方法并非只有一种，就如同通往罗马的路不只一条一样。我们没有找到另一条路，是因为我们尚未发现它，而并非它不存在。下面的故事就会给我们新的启迪。

物理学家甲、工程学家乙和画家丙三个人讨论谁的智商高。他们互不服气，最后决定通过一场比赛来评判三人的智力水平。

主考官把他们领到一座塔下，并给了他们每人一只气压表，让他们依靠气压表，得到这座塔的高度。原则是：只要达到目的，什么方法都可以，但创造性最强的为胜。

比试的这三人，职业不同，知识结构也不同，因此各人用的方法自然也各不相同。

乙尤其高兴，也觉得这对他来说再简单不过了，于是他很快站出来，在塔底测量了大气气压，登上塔顶又测量了一次气压，得到塔底和塔顶气压的差值，再根据每升高 12 米气压下降 1 毫米汞柱的公式，计算出塔的高度。他自己觉得，这是一份最准确的答卷。

甲不慌不忙地登上塔顶，探出身来，看着手表的秒针，轻轻松手让气压表自由落下，准确记录了气压表落到地面所需的时间，再根据自由落体公式，算出塔的高度。他很得意，这个方法很不错，所得结论与塔的实际高度不会相差太远。

最后轮到丙，这可难住他了。他既没有甲的学识，又没有乙的经验，科学办法他拿不出来，眼前几乎是一个"绝境"。不过，他很镇定。没有科学条件是劣势，但没有思维定式则是优势，这就为他提供了更大的选择空间。丙想，没有正路就走偏路，反正能达到目的就是胜利。他发挥想象力，对各种可能的方法搜寻了一番，禁不住笑了起来，因为办法太简单了：他将气压表送给看守宝塔的人——作为交换条件，让守塔人到储藏间把塔的设计图找出来。就这样，画家得到了图纸，拂去设计图上的灰尘，很快得到了塔的精确高度。

比赛的结果可想而知，自然是画家丙获得了最后的胜利。

画家虽然没有物理学方面的知识，也没有工程学方面的知识，但他却能在看似无计可施的情况下，撇开原先的想法，将目光投向图纸，这是一种新发现、一种创新思维，他找到了塔的高度的精确答案。

"条条大路通罗马"，没有什么问题的解题方式一定是唯一的。如果此路不通，那么可以适时地转换思路和方法，转走他路，往往能得到意想不到的效果。

那些胸怀抱负、渴望成功的人，会为他们的人生做一番规划。他们制订详细的步骤、严谨的计划，坚持按照计划努力，并相信只有这样才能确保成功。当他们在实施计划的过程中遇到挫折或不可避免的变化时，就会像很多书籍所鼓励的那样：坚持！再坚持！却不会发挥自己的想象力和创造力，开辟另一条通往成功的道路。在他们一再遭受挫折与失败后，不禁心灰意冷，沮丧失望，哀叹时运的不济、命运的不公。他们不知道：通向成功的路不只有一条。

第二章

只为成功找方法，不为问题找借口

在工作中，我们都曾遇到过这样或那样的困难和问题。这时候，有的人积极地想办法去解决问题，而有的人则去寻找借口，逃避责任。于是，前者成为了成功者，后者沦落为失败者。所以说，成功必有方法，失败必有原因。凡事找方法解决者，一定是成功者；凡事找借口推脱者，一定是失败者！

借口是失败的温床

在日常生活中，我们经常会听到这样一些借口：上班迟到，会说"路上塞车"；任务完不成，会说"任务量太大"；工作状态不好，会说"心情欠佳"……我们缺少很多东西，唯独不缺的好像就是借口。殊不知，这些看似不重要的借口却为你埋下了失败的基石。借口让你获得了暂时的原谅和安慰，可是，久而久之，你却丧失了让自己改进的动力和前进的信心，只能在一个个借口中滑向失败的深渊。

刚毕业的女大学生刘闪，由于学识不错，形象也很好，所以很快被一家大公司录用。

　　刚开始上班时大家对刘闪印象还不错，但没过几天，她就开始迟到早退，领导几次向她提出警告，她总是找这样或那样的借口来解释。

　　一天，老总安排她到北京大学送材料，要跑3个地方，结果她仅跑了一个就回来了。老总问她怎么回事，她解释说："北大好大啊。我在传达室问了几次，才问到一个地方。"

　　老总生气了："这3个单位都是北大著名的单位，你跑了一下午，怎么会只找到这一个单位呢？"

　　她急着辩解："我真的去找了，不信您去问传达室的人！"

　　老总心里更有气了："你自己没有找到单位，还叫老总去核实，这是什么话？"

　　其他员工也好心地帮她出主意：你可以打北大的总机问问3个单位的电话，然后分别联系，问好具体怎么走再去。你不是找到其中的一个单位吗？你可以向他们询问其他两家怎么走。你还可以进去之后，问老师和学生……

　　谁知她一点也不领会同事的好心，反而气鼓鼓地说："反正我已经尽力了……"

　　就在这一瞬间，老总下了辞退她的决心："既然这已经是你尽力之后达到的水平，想必你也不会有更高的水平了。那么只好请你离开公司了！"

　　虽然刘闪的举动让很多人难以理解，但像这种遇到问题不去想办法解决而是找借口推诿的人，在生活中并不少见。而他们的命运也显而易见——凡事找借口的人，在社会上绝对站不稳脚跟。

找了借口，就不再找方法了

　　社会一直都存在两种人：成功者和失败者。根据二八法则，20%的人掌握着社会中80%的财富。什么原因让少数人比多数人更有力量？因为多数人都在找借口。20%的人和80%的人的区别在于：一种是不找借口只找方法的人，另一种是不找方法只找借口的人。而前一种人往往是成功者，后一种人往往是失败者。

　　须知，成功也是一种态度，整日找借口的人是很难获得成功的。你尽可以悲伤、沮丧、失望、满腹牢骚，尽可以每天为自己的失意找到一千一万个借口，但结果是你自己毫无幸福的感受可言。你需要找到方法走向成功，而不要总把失败归于别人或外在的条件。因为成功的人永远在寻找方法，失败的人永远在寻找借口，而一旦你找了借口，就不会冥思苦想地去寻找方法了，而不找方法，你就很难走向成功。

　　有一家名叫凯旋的天线公司，有一天总裁来到营销部，让员工们针对天线的营销工作各抒己见，畅所欲言。

　　营销部李部长耷拉着脑袋叹息说："人家的天线三天两头在电视上打广告，我们公司的产品毫无知名度，我看这库存的天线真够呛。"部里的其他人也随声附和。

　　总裁脸上布满阴霾，扫视了大伙儿一圈后，把目光驻留在进公司不久的大刘身上。总裁走到他面前，让他说说对公司营销工作的看法。

　　大刘直言不讳地对公司的营销工作存在的弊端提出了个人意见。总裁认真地听着，不时嘱咐秘书把要点记下来。

　　大刘告诉总裁，他的家乡有十几家各类天线生产企业，唯有001天线在全国知名度最高，品牌最响，其余的都是几十人或上百人的小规模天线生产企业，但无一例外都有自己的品牌，有两家小公司甚至把大幅广告做到001集团的对面墙壁上，敢与知名品牌竞争。

　　总裁静静地听着，挥挥手示意大刘继续讲下去。

　　大刘接着说："我们公司的天线今不如昔，原因颇多，但总结起来或许是我们的销售策略和市场定位不对。"

　　这时候，营销部李部长对大刘的这些似乎暗示了他们工作无能的话表示了愠色，并不时向大刘投来警告的一瞥，最后不无讽刺地说："你这是书生意气，只会纸上谈兵，尽讲些空道理。现在全国都在普及有线电视，天线的滞销是大环境造成的。你以为你真能把冰推销给爱斯基摩人？"

　　李部长的话使营销部所有人的目光都射向大刘，有的还互相窃窃私语。李部长不等大刘"还击"，便立即将了他一军："公司在甘肃那边还有5000套库存，你有本事推销出去，我的位置让你坐。"

　　大刘朗声说道："现在全国都在搞西部开发建设，我就不信质优价廉的产品连人家小天线厂也不如，偌大的甘肃难道连区区5000套天线也推销不出去？"

　　几天后，大刘风尘仆仆地赶到了甘肃省兰州市中兴大厦。大厦老总一见面就向他大倒苦水，说他们厂的天线知名度太低，一年多来仅卖掉了百来套，还有4000多套在各家分店积压着，并建议大刘去其他商场推销看看。

接下来，大刘跑遍了兰州几个规模较大的商场，有的即使是代销也没有回旋余地，因此几天下来毫无建树。

正当沮丧之际，某报上的一则读者来信引起了大刘的关注，信上说那儿的一个农场由于地理位置的关系，买的彩电都成了聋子的耳朵——摆设。

看到这则消息，大刘如获至宝，当即带上10来套天线样品，几经周折才打听到那个离兰州有100多公里的天运农场。信是农场场长写的，他告诉大刘，这里夏季雷电较多，以前常有彩电被雷电击毁，不少天线生产厂家也派人来查，都知道问题出在天线上，可查来查去没有眉目，使得这里的几百户人家再也不敢安装天线了，所以几年来这儿的黑白电视只能看见哈哈镜般的人影，而彩电则只是形同虚设。

大刘拆了几套被雷击的天线，发现自己公司的天线与他们的毫无二致，也就是说，他们公司的天线若安装上去，也免不了重蹈覆辙。大刘绞尽脑汁，把在电子学院几年所学的知识在脑海里重温了数遍，加上所携仪器的配合，终于使真相大白，原因是天线放大器的集成电路板上少装了一个电感应元件。这种元件一般在任何型号的天线上都是不需要的，它本身对信号放大不起任何作用，厂家在设计时根本就不会考虑雷电多发地区，没有这个元件就等于使天线成了一个引雷装置，它可直接将雷电引向电视机，导致线毁机亡。

找到了问题的症结，一切都可以迎刃而解了。不久，大刘在天线放大器上全部加装了感应元件，并将这种天线先送给场长试用了半个多月。期间曾经雷电交加，但场长的电视机却安然无恙。此后，仅这个农场就订了500多套天线。同时热心的场长还把大刘的天线推荐给存在同样问题的附近5个农林场，又帮他销售出去2000多套天线。

一石激起千层浪，短短半个月，一些商场的老总主动向大刘要货，连一些偏远县市的商场采购员也闻风而动，原先库存的5000余套天线很快售完了。

一个月后，大刘返回公司。而这时公司如同迎接凯旋的英雄一样，为他披红挂彩并夹道欢迎。营销部李部长也已经主动辞职，公司正式任命大刘为新的营销部部长。

在这个故事中，大刘之所以能成功，是因为他没有跟着李部长找借口推脱责任，而是积极地寻找解决问题的方法。反之，李部长失败了，因为他只是一味寻找借口，而不去寻找方法，自然要被找方法而不找借口的大刘取而代之。

许多杰出的人都富有开拓和创新精神，他们绝不在没有努力的情况下就事先找好借口。没有任何借口，是每个成功者走向成功的通行证。

只为成功找方法，不为问题找借口

顾凯在担任云天缝纫机有限公司销售经理期间，曾面临一种极为尴尬的情况：该公司的财务发生了困难。这件事被负责推销的销售人员知道了，并因此失去了工作的热忱，销售量开始下跌。到后来，情况更为严重，销售部门不得不召集全体销售员开一次大会。

全国各地的销售员皆被召去参加这次会议，顾凯主持了这次会议。

首先，他请手下最佳的几位销售员站起来，要他们说明销售量为何会下跌。这些被叫到名字的销售员——站起来以后，每个人都有一段令人震惊的悲惨故事要向大家倾诉：商业不景气、资金缺少、物价上涨等。

当第5个销售员开始列举使他无法完成销售配额的种种困难时，顾凯突然跳到一张桌子上，高举双手，要求大家肃静。然后，他说道："停止，我命令大会暂停10分钟，让我把我的皮鞋擦亮。"

然后，他命令坐在附近的一名小工友把他的擦鞋工具箱拿来，并要求这名工友把他的皮鞋擦亮，而他就站在桌子上不动。

在场的销售员都惊呆了，他们有些人以为顾凯发疯了，人们开始窃窃私语。这时，只见那位小工友先擦亮他的第一只鞋子，然后又擦另一只鞋子，他不慌不忙地擦着，表现出一流的擦鞋技巧。

皮鞋擦亮之后，顾凯给了小工友1元钱，然后发表他的演说。

他说："我希望你们每个人，好好看看这个小工友。他拥有在我们整个工厂及办公室内擦鞋的特权。他的前任的年纪比他大得多，尽管公司每周补贴他200元的薪水，而且工厂里有数千名员工，但他仍然无法从这个公司赚取足以维持他生活的费用。

"可是这位小工友不仅不需要公司补贴薪水，还可以赚到相当不错的收入，每周还可以存下一点钱来。他和他的前任的工作环境完全相同，也在同一家工厂内，工作的对象也完全相同。

"现在我问你们一个问题，那个前任拉不到更多的生意，是谁的错？是他的错，还是顾客的？"

那些推销员不约而同地大声说：

"当然了，是那个前任的错。"

"正是如此。"顾凯回答说，"现在我要告诉你们，你们现在推销缝纫机和一年前的情况完全相同：同样的地区、同样的对象以及同样的商业条件。但是，你们的销售成绩却不如一年前。这是谁的错？是你们的错，还是顾客的错？"

同样又传来如雷般的回答：

"当然，是我们的错。"

"我很高兴，你们能坦率地承认自己的错误。"顾凯继续说，"我现在要告诉你们。你们的错误在于，你们听到了有关本公司财务发生困难的谣言，这影响了你们的工作热情，因此，你们不像以前那般努力了。只要你们回到自己的销售地区，并保证在以后30日内，每人卖出5台缝纫机，那么，本公司就不会再发生什么财务危机了。你们愿意这样做吗？"

大家都说"愿意"，后来果然也办到了。那些他们曾强调的种种借口，如商业不景气、资金缺少、物价上涨等，仿佛根本不存在似的，统统消失了。

卓越的人必定是重视找方法的人。在他们的世界里不存在借口这个字眼，他们相信凡事必有方法去解决，而且能够解决得最完美。事实也一再证明，看似极其困难的事情，只要用心寻找方法，必定会成功。真正杰出的人只为成功找方法，不为问题找借口，因为他们懂得：寻找借口，只会使问题变得更棘手、更难以解决。

第三章

抓住问题找答案，用对方法做对事

　　在工作和生活中，我们很多时候会对事物、情况、形势等产生错误的认识和判断，而在面对千头万绪的复杂问题和疑难问题时，又很难找到正确的思路和创造性的解决方案。特别是对于领导者和管理者，在处理关键问题和进行重大决策时，更需要抓住问题找到答案，用对方法做对事情，用有力的工具来保证问题的正确解决。

很多问题是自己造成的

　　在一次宴会上，奥里森·马登先生同一位面临着失业危机的中年人聊天，那个中年人一个劲儿地抱怨上司不肯给他更多的机会。

　　马登先生问他为什么不自己争取，他说，他已经争取过了，但他并不认为公司给予他的是机会。他气愤地说："我今年已经52岁了，可他们竟然派我去海外营业部。像我这样的年纪怎么能够经受得起这样的折腾呢？"

　　马登先生问他："为什么你会认为这是一种折腾，而不是一种机会。"

他仍旧义愤填膺:"公司里有那么多年轻人,不派他们而让我去,这不是折腾人是什么? 再说公司本部有那么多职位,却偏偏要把我调走,我真不知道他们安的什么心。还有,公司所有的人都知道我身体不好……"

"我无法确认他公司里的同事是否都知道他的身体不好,起码我是没有看出来,站在我面前的他红光满面、神情激昂。我想,这位先生并没有得什么病,我更倾向于认同他犯了一种最严重的职业病——推诿病。"马登先生事后对朋友说。

由此看来,许多人的工作困境是自己造成的。如果你是一个勤奋、肯干、刻苦的人,就能像蜜蜂一样,采的花越多,酿的蜜也越多,你享受到的甜美也越多。

失败者的借口通常是"我没有机会"。他们将失败的理由归结为不被人垂青,好职位总是让他人捷足先登,殊不知,其失败的真正原因恰恰在于自己不勤奋,不好好把握来之不易的机会。而那些意志坚强的人则绝不会找这样的借口,他们不等待机会,也不向亲友们哀求,而是靠自己的勤奋努力去创造机会,因为他们深知,很多困境其实是自己造成的,而唯有自己才能拯救自己。

"此路不通"就换方法

当你驾车驶在路上,眼看就要到达目的地了,这时车前突然出现一块警示牌,上书4个大字:"此路不通!"这时你会怎么办?

有人选择仍走这条路过去,大有不撞南墙不回头之势。结果可想而知，已言明"此路不通"，那个人只能在碰了钉子后灰溜溜地调转车头返回。这种人在工作中常因"一根筋"思想而多次碰壁，空耗了时间和精力，却无法将工作效率提高一丁点，结果做了许多无用功。

有人选择停车观望，不再向前走，因为"此路不通"，却也不调头，或者是认为自己已经走了这么远，再回头心有不甘且尚存侥幸心理，若我走了此路又通了岂不亏了；或者是想如果回头了其他的路也不通怎么办？结果停车良久也未能前进一步。这种人在工作中常会因懦弱和优柔寡断而丧失机会，业绩没有进展不说，还会留下无尽的遗憾。

还有另一类人，他们会毫不犹豫地调转车头，去寻找另外一条路。也许会再次碰壁，但他们仍会不断地进行尝试，直到找到那条可以到达目的地的路。这种人是工作中真正的勇者与智者，他们懂得变通，直到寻找到解决问题的办法，并且能够取得不错的业绩。

"此路不通"就换条路，"此法不行"就换方法，应该成为每一个人的生活理念。

A地由于一些工厂排放污水，使很多河流污染严重，以至于下游居民的正常生活受到了威胁，环保部门每天都要接待数十位满腹牢骚的居民，于是联合有关当局决定寻找解决问题的办法。

他们考虑对排污工厂进行罚款，但罚款之后污水仍会排到河流中，不能从根本上解决问题。这条路，行不通。

有人建议立法强令排污工厂在厂内设置污水处理设备。本以为问题可以得到彻底解决，但在法令颁布之后发现污水仍不断地排到河流中。而且，有些工厂为了掩人耳目，对排污管道乔装打扮，从外面不能看到破绽，可污水却一刻不停地流。这条路，仍行不通。

之后，当地有关部门立刻转变方法，采用著名思维学家德·波诺提出的设想：立一项法律——工厂的水源输入口，必须建立在它自身污水输出口的下游。

看起来是个匪夷所思的想法，经事实证明却是个好方法。它能够有效地促使工厂自律：假如自己排出的是污水，输入的也将是污水，这样一来，能不采取措施净化输出的污水吗？

"此路不通就换方法"，正是遵循了这个信条，才最终找到了解决问题的办法。

一个真正卓越的人，必定是一个注重寻找方法的人。当他发现一条路不通或太挤时，就能够及时转换思路，改变方法，寻找一条更为通畅的路。

抓住问题的关键点

新加坡著名作家尤今有这样一次经历：当他还是一名记者时，一次，他托一位同事代买圆珠笔，并再三叮嘱他："不要黑色的，记住，我不喜欢黑色，暗暗沉沉，肃肃杀杀。千万不要忘记呀，12支，全部不要黑色。"第二天，同事把那一打笔交给他时，他差点昏过去：12支，全是黑色的。

他的同事却振振有词地反驳："你一再强调黑色的、黑色的，忙了一天，昏沉沉地走进商场时，脑子里印象最深的两个词是：12支，黑色。于是我就一心一意地只找黑色的买了。"其实，只要言简意赅地说"请为我买12支蓝色的笔"，相信同事就不会买错了。

从此以后，尤今无论说话、撰文，总是直入核心，直切要害，不去兜无谓的圈子。

由此可见，无论是工作、学习还是处理生活问题，都要讲究方法。只有抓住关键问题，切中问题的要害，才能使我们的工作和学习事半功倍。

有一家核电厂在运营过程中遇到了严重的技术问题，导致了整个核电厂生产效率的降低。核电厂的工程师虽然尽了最大的努力，但还是没能找到问题所在。于是，他们请来了一位顶尖的核电厂建设与工程技术顾问，看看他是否能够确定问题的所在。顾问穿上白大褂，带上写字板，就去工作了。在两天的时间里，他四处走动，在控制室里查看数百个仪表、仪器，记好笔记，并且进行计算。

临离开前顾问从衣兜里掏出笔，爬上梯子，在其中一个仪表上画了一个大大的"x"。"这就是问题所在。"他解释说，"把连接这个仪表的设备修理、更换好，问题就解决了。"顾问走后，工程师们把那个装置拆开，发现里面确实存在问题。故障排除后，电厂完全恢复了原来的发电能力。

大约一周之后，电厂经理收到了顾问寄来的一张1万美元的"服务报酬"账单。电厂经理对账单上的数目感到十分吃惊。尽管这个设备价值数十亿美元，并且由于机器的故障损失数额巨大，但是以电厂经理之见，顾问来到这里，只是到各处转了两天，然后在一个仪表上画了一个"x"就回去了。对于这么一项简单的工作收费1万美元似乎太高了。

于是，电厂经理给顾问回信说："我们已经收到了您的账单。能否请您将收费明细详细地逐项分列出来？好像您所做的全部工作只是在一个仪表上画了一个'x'，1万美元相对于这个工作量似乎是比较高的价格。"

过了几天，电厂经理收到顾问寄来的一份新的清单，上面写道："在仪表上画'x'：1美元；查找在哪一个仪表上画'x'：9999美元。"

这个简单的故事向我们揭示了一个深刻的道理：一个人，如果想在生活中获得成功、成就和幸福，一条最重要的定律——就是必须知道其生活中的每一个阶段的关键点何在，这是我们成就每一件事情的至关重要的决定因素。从重点问题突破，是高效能人士思考的习惯之一。如果一个人没有重点的思考，就抓不住事物的关键。那么，他做事的效率必然会十分低下。相反，如果他抓住了主要矛盾，解决问题就变得容易多了。

在变化中化解问题

从哲学的角度来讲，唯一不变的东西是变化本身。我们生活在一个瞬息万变的世界里，应当学会适应变化。尤其是职场中人，在竞争日益激烈的今天，要培养以变化应万变的理念，勇于面对变化带来的困难，才能做到卓越和高效。

在一次培训课上，企业界的精英们正襟危坐，等着听管理教授关于企业运营的讲座。门开了，教授走进来，矮胖的身材、圆圆的脸，左手提着个大提包，右手擎着个圆鼓鼓的气球。精英们很奇怪，但还是有人立即拿出笔和本子，准备记下教授精辟的分析和坦诚的忠告。

"噢，不，不，你们不用记，只要用眼睛看就足够了，我的报告非常简单。"教授说道。

教授从包里拿出一只开口很小的瓶子放在桌子上，然后指着气球对大家说："谁能告诉我怎样把这只气球装到瓶子里去？当然，你不能这样，嘭！"教授滑稽地做了个气球爆炸的姿势。

众人面面相觑，都不知道教授葫芦里卖的什么药，终于，一位精明的女士说："我想，也许可以改变它的形状……"

"改变它的形状？嗯，很好，你可以为我们演示一下吗？"

"当然。"女士走到台上，拿起气球小心翼翼地捏弄。她想利用其柔软可塑的特点，把气球一点点塞到瓶子里。但这远不像她想的那么简单，很快她发现自己的努力是徒劳的，于是她放下手里的气球，说道："很遗憾，我承认我的想法行不通。"

"还有人要试试吗？"

无人响应。

"那么好吧，我来试一下。"教授说道。他拿起气球，三下两下便解开气球嘴上的绳子，"嗤"的一声，气球变成了一个软奔奔的小袋子。

教授把这个小袋子塞到瓶子里，只留下吹气的口儿在外面，然后用嘴巴衔住，用力吹气。很快，气球鼓起来，胀满在瓶子里，教授再用绳子把气球的嘴儿给扎紧。"瞧，我改变了一下方法，问题迎刃而解了。"教授露出了满意的笑容。

教授转过身，拿起笔在写字板上写了个大大的"变"字，说道："当你遇到一个难题，解决它很困难时，那么你可以改变一下你的方法。"他指着自己的脑袋，"思想的改变，现在你们知道它有多么重要了。这就是我今天要说的。"

精英们开始交头接耳，一些人脸上露出顽皮的笑意。教授按下双手示意大家安静，然后说："现在，我们做第二个游戏。"他的目光将众人扫视一遍，指着一个戴眼镜的男子说："这位先生，你愿意配合我完成这个游戏吗？"

"愿意。"戴眼镜的男子走到台上。

教授说："现在请你用这只瓶子做出 5 个动作，什么动作都可以，但不能重复。好，现在请开始。"

男子拿起瓶子，放下瓶子，扳倒瓶子，竖起瓶子，移动瓶子，5 个动作瞬间就完成了。教授点点头，说道："请你再做 5 个，但不要与刚才做过的动作重复。"

男子又很轻易地完成了。

"请再做 5 个。"

等到教授第五次发出同样的指令时，男子已经满头大汗、狼狈不堪。教授第六次说出"请再做 5 个"时，男子突然大吼一声："不，我宁愿摔了这瓶子也不要再让它折磨我的神经了。"

精英们笑了，教授也笑了，他面向大家，说道："你们看到了，变有多难，连续不断地变几乎使这位亲爱的先生发疯了。可你们比我还清楚商战中变有多么重要。我知道那时你们就是发疯也要选择变，因为不变比发疯还要糟糕，那意味着死亡。"

现在，精英们对这场别开生面的讲座品出点味道来了，他们互相交换着目光。

停了片刻，教授又开口了："现在，还有最后一个问题，这是个简单的问题。"他从包里拿出一只新瓶子放到台上，指着那只装着气球的瓶子说："谁能把它放到这只新瓶子里去？"

精英们看到这只新瓶子并没有原来那个瓶子大，直接装进去是根本不可能的。但这样简单的问题难不住头脑机敏的精英们，一个高个子的中年男人走过去，拿起瓶子用力向地上掷去，瓶子碎了，中年人拾起一块块残片装入新瓶子。

教授点头表示赞许，精英们对中年人采取的办法并不意外。

这时教授说："这个问题很简单，只要改变瓶子的状态就能完成，我想你们大家都想到了这个答案，但实际上我要告诉你们的是：一项改变最大的极限是什么。瞧！"教授举起手中的瓶子，说："就是这样，最大的极限是完全改变旧有状态，彻底打碎它。"

教授看着他的听众，补充道："彻底的改变需要很大的决心，如果有一点点留恋，就不能够真的打碎。你们知道，打碎了它就是毁了它，再没有什么力量能把它恢复得和从前一模一样。所以当你下决心要打碎某个事物时，你应当再一次问自己：我是不是真的不会后悔？"

讲台下面鸦雀无声，精英们琢磨着教授话中的深意。教授说："感谢在座的诸位，我的讲座结束了。"然后他飘然而去。

有句话这样说："只在河滩上沉思，永远得不到珍珠。"所以，要想得到珍珠一定要运用方法，而方法总是在变化中产生，尽管此种变化也可能蕴藏着一种危机，但没有危机也就没有变化得出的方法。

身处职场，你只有在不断变化中努力寻求解决问题的办法，才能最大限度地引爆自我，做出超人的成绩。

第四章
转换思考法

转换思考实际是一种多视角思维。它要求从多个角度观察同一个现象，并用联系的、发展的眼光看问题，这样你会得到更加全面的认识，获得更加完满的解决方案。转换思维可以帮我们精确地理解某一事物的内涵和外延，并对事物的概念作出规定。使用转换思维可以避免思维定式，对于创造发明来说有重要意义。

何谓转换思考

图中是 3 个正三角形，只允许移动其中的两个边，你有办法让所有的三角形都变得不存在吗?

按照常规的思维方式，好像无论如何也想不出办法。但是，只要转换一种思维方法，把图形的问题转换成数学问题，就可以得到下面这种解决办法（1个三角形减去1个三角形等于0个三角形）。

如果某一问题的思考方式对自己不利，那么你就应该转换思路，从另一个角度考虑问题，说不定可以让问题迎刃而解。

有两个商人一起去非洲卖鞋。那时的非洲人刚改变以前穿兽皮、披树叶的习惯，穿上了衣服，但是他们还都是光着脚走路。一个商人看到这种情景之后认为这里的人都不穿鞋，根本就没有市场，于是他去别的地方卖鞋了。另一个商人却想：这里的人都没有鞋穿，鞋的需求量太大了，真是赚钱的好机会！于是他留了下来，结果成功地把鞋卖给了所有光脚的人，成了富裕的大鞋商。

转换思维还要求我们从不同方面对同一对象进行考察，从而得出客观公正的评价。比如，法官判案时，原告和被告"公说公有理，婆说婆有理"。如果偏执一端，很可能会冤枉好人。只有转换思维，全面了解事情的原委，才能作出公正的裁决。

转换思维可以帮我们精确地理解某一事物的内涵和外延，并对事物的概念作出规定。语义学家格雷马斯说："我们必须对一些基本概念不厌其烦地进行定义，尽量确保做得精确、严格，以确保新概念的单义性。"所谓"不厌其烦地进行定义"，就是不断转换思维，从不同层次进行分析和推敲。

此外，转换思维可以避免思维定式，对于发明创造来说有重要意义，每转换一个新的视角也许可能引发一个新发现或新发明。

美国玩具制造商斯帕克特发现那些玩具设计师设计的玩具单调、陈旧，没什么新鲜感，很难引起儿童的兴趣。因为那些设计师都是成年人，他们已经形成了思维定式，很难从孩子的角度来设计玩具。要想设计出受欢迎的玩具，就必须知道孩子们的想法。于是，斯帕克特请来一位6岁的小女孩玛丽亚·罗塔斯作为玩具设计的顾问，让她指出各种玩具的缺点，以及她希望生产出什么样的玩具。在小女孩的建议之下，斯帕克特公司生产的玩具销路很好。

这个例子说的是成人与孩子之间的思维转换。此外，思维转换还有男人与女人之间的转换，历史、现实与未来的转换，整体与局部的转换，肯定与否定的转换，科学与艺术的转换等。思维转换的方法不一而足，这里我们介绍几种简单易行的训练方法。

1. 反向转换法

《道德经》里有这样一句话："有无相生，难易相成，长短相形，高下相盈，音声相和，前后相随，恒也。"这朴素的辩证法向我们讲述了深刻的道理。向反向去求索，站在事物的对立面来思考，往往能够突破常规，出奇制胜。你可以向对立面转换事物的结构、功能、价值，以及对待事物的态度。对结构和功能的转换可以让你有发明创造，对价值的转换可以让你变废为宝，对态度的转换可以让你心胸开阔、宠辱不惊。

2. 相似转换法

这种转换法有助于我们对同一对象、同一问题进行全面、整体、系统的把握。比如下面的两组词语，每组词语之间具有一定的相似性和关联性。

生命、血肉、植物、爱情、真理、繁荣

原始、开端、最初、胚胎、萌芽、发展

每一组词语中的一个或几个词都可以成为理解本组中某一个词的新视角。这种转换方法可以启发新的隐喻以及事物之间的联系，对在科学研究中建立理论模型有重要意义。

3. 重新定义法

如前面所说，转换思维可以使概念的定义更加精确；反过来，通过对某一概念重新定义可以训练我们的转换思维的能力。对文字的翻译也可以达到这种效果，台湾诗人余光中说："翻译一篇作品等于进入另一个灵魂去经验另一个生命。"这种"经验"可以让你的视野更加开阔。

4. 征询意见法

一个人的思路毕竟有限，要想实现多视角思维，就应该借助集体的力量。征询别人的看法和意见可以让你对某一问题的认识更加完善。电视剧《三国演义》中曹操的扮演者鲍国安当年为了演好曹操这个角色，对不同年龄、不同学历、不同职业的几百个人进行了调查，询问他们对曹操的看法。别人的意见让他对曹操的各个侧面都有所了解，他的演出自然赢得了大家的好评。

5. 实践转换法

实践转换可以让你在对问题的实际操作中，获得对事物的新的理解和认识，发现某种新的意义。比如，大学生写论文，纯粹研究理论只能是闭门造车，如果去参加相关的实习，就会对理论知识产生新的认识。此外，经历一下你没有体验过的生活可以让你改变对一些问题的看法。

正面思考和负面思考

如果在你面前摆上半杯水，你认为这杯水是半空还是半满？习惯负面思考的人会说："真糟糕，只有半杯水了。"习惯正面思考的人会说："太好了，还有半杯水呢。"

我们还可以注意到跟你上面的回答相关的一些事情，虽然类似的事情你可能经常遇到，却从来没有深思过。

你上次考试成绩只是班上的中等水平，这使得那些对你寄予厚望的人们很失望。你决定努力学习，打算考个第一名给大家看看。在老师、家长的督促下，经过你的努力，你比以前提高了几十个名次。对你来说，这是以前从来没有过的好成绩。但是，你的目标是第一名。因此，你虽然有一点儿高兴，但是总的来说，你很失望。

下雨了，你讨厌下雨。虽然这场雨在这个季节十分平常，虽然从农村出来的你知道，那些庄稼等着雨水的浇灌，但是你仍然十分恼火——它把你的衣服打湿了，鞋子弄脏了，使路上积了一些水。

你创业失败了。你投入的几万元顷刻之间化为乌有，那可是你辛辛苦苦打工赚来的钱。你埋怨世道不好，上天不公。你灰心丧气，甚至连自杀的心思都有了。

……

这样的事情多不胜数。通过这样的例子，可以知道你的世界是什么样的。

不错，你正在用一种负面思考来看这个世界。

所谓的负面思考是这样一种思考方式，即总喜欢把事情朝坏的方面去想。在看待一件事情的时候，它使我们总是想到：问题多于机会、缺点多于优点、坏处多于好处……总之，它使我们产生消极的思考，从而使自己变得忧郁、沉闷、消极和暴躁。

而在我们解决问题的时候，偏重负面思考会带来比事情本身更多的麻烦，使我们被阴影遮蔽眼睛，看不到事情的多种可能的解决方案，从而阻碍事情的解决。

本杰明·富兰克林曾说过："少一根铁钉，失掉一个马蹄；少一个马蹄，失掉一匹战马；少一匹战马，失掉一位骑士；少一位骑士，失掉一场战争。"虽然这句话的本意是要求严于律己，但这可能算是"负面思考"最极端的例子了。这种连贯性的负面思考能够使人想到最坏的一面，从而由一件小事产生彻底的消极。

如果你的确是这么想的，这没有什么好遗憾的。心理学家证实了这样一个结论：负面思考是人类的本能反应。也就是说，人类总是喜欢设想最糟糕的一面。

不过，尽管负面思考是人的本能反应，但这并不代表我们必须任由它来支配我们的信念、思想和状态。我们必须经过有意识的训练，将这种影响我们心情、精神和行为的思考方式改变。

问一问自己，难道世界真的是我们看到的那样灰暗、让人丧气和死气沉沉的吗？

一个探险家和他的挑夫打算穿越一个山洞。他们在休息的过程中，探险家掏出一把刀来切椰子，结果因为灯光昏暗，切伤了自己的一根手指。

挑夫在旁边说："棒极了！上帝真照顾你，先生。"

探险家十分恼怒，于是把这位幸灾乐祸的挑夫捆起来，打算饿死他。当他一个人穿过山洞的时候，却被一群土著抓住了，他们打算杀死他来祭奠神灵。幸运的是，那些土著看到了探险家伤了手指，于是把他放了，因为他们害怕用这样的祭品会触怒神灵。

探险家感到自己错怪了挑夫，于是回去把那位挑夫的绳子松开了，并对他致以歉意。

挑夫说："棒极了！看来，上帝也很照顾我，先生。如果你没有把我捆住的话，我已经成为他们的祭品了。"

我们必须学会正面思考。如果你在回答"半空"还是"半满"这个问题的时候，回答的是前者的话，那么你就是在做正面思考。正面思考是这样一种思考方式：在看待一件事情的时候，它让我们能够考虑到这件事情的"好处"的一面；它帮助我们阻挡住那些困扰我们的因素，发现给我们信心、激励和勇气的因素，从而使我们更加积极地去解决一个问题。

一个老妇有两个儿子，大儿子卖伞，小儿子卖鞋。下雨天，她为小儿子发愁；晴天，她则为大儿子发愁。因此，她一年到头都是愁眉苦脸的。有一天，经过一位乡人的指点，她有了很大的改变，开始变得十分快乐。那位乡人告诉她，她应该在晴天为小儿子高兴，在雨天为大儿子开心。

那位乡人正是运用了正面思考得出的建议。的确，在生活中，负面思考只会给人带来烦恼和忧伤，而要活得快乐，只有正面思考才是"一剂良药"。

正面思考要求我们以独特的思维来看待这个世界，可以帮助你把注意力从坏事转向好事，改变自己的心态和解决问题的方式。

当你面临一个问题的时候，采取正面思考还是负面思考的方式，完全由你自己决定。如果你的确正为自己的生活是无趣的、世界是灰暗的而沮丧，就应该学会正面思考这种方式。

视角转换

"横看成岭侧成峰，远近高低各不同。"视角不同，你所看到的景观就不一样。同样的，用单一的视角看待一件事情，你通常无法看到事情的全貌。如果你能换个角度看问题，你会发现这个世界像一个万花筒。

有时我们找不到问题的出路，就是因为总是从固定的角度看问题，陷入了死胡同。其实，只要换一个视角，就能拨云见日，找到问题的突破口。

一位富翁有一个十分漂亮的花园，花园里树木郁郁葱葱，花朵姹紫嫣红。由于经常受到外人的侵入，花木常遭到破坏，地面也被弄得狼藉不堪。

于是富翁在花园门口竖了一个牌子，上面写着：

"私家花园，禁止入内。"

但是丝毫不起作用，花园依旧遭到践踏和破坏，甚至比以前破坏得更严重。

富翁经过一番思考之后，想到了一个办法，他在警示牌上换了另外一句警示语：

"请注意，如果在花园中被毒蛇咬伤，最近的医院在距此15千米处，驾车约半个小时即可到达。"

他把这个牌子竖在花园门口之后，果然再也没有人闯入花园了。

这位富翁就是应用了视角转换的思维方法来解决问题的。开始时，他按照常规的思路，从自己的利益出发，和闯入花园的人站在对立面，"禁止"他们入内。这种警告不但起不到积极的作用，反而会激起人们的逆反心理。经过视角转换之后，富翁站在对方的角度来思考问题，如果花园中有对他们造成伤害的东西，不就可以阻止他们了吗？

有时同样的一件事，站在这个角度看是错的，站在另一个角度看就是对的了。

如果你想让别人按照你的意愿行事，那么你必须站在别人的立场上思考问题。下级站在自己的立场上无法说服领导改变想法，家长站在自己的立场上无法说服孩子不要这样或不要那样。让别人看到对自己有利的地方，他才会认可你的观点。

有两个基督徒都喜欢吸烟。

有一天，他们一起去向牧师请教在祈祷的时候能不能吸烟。

第一个基督徒见到牧师之后，问道："在祈祷的时候能吸烟吗？"

牧师生气地告诉他："不可以！那是对上帝的不敬。"这个基督徒很遗憾地退了下去。

第二个基督徒走上前问道："在吸烟的时候能不能做祷告？"

牧师高兴地说："当然可以！吸烟的时候都不忘做祷告，可见你很虔诚。"

在这个世界上，有的人自卑，认为自己一无是处、毫无希望；有的人自负，认为自己不可替代、无所不能。这两个极端都能让人们犯一些错误，因为人们不能清醒地、客观地对待自己的优点和缺点。运用视角转换，人们就能够理性地对自己作出评价，不妄自菲薄，也不傲慢自大。

我们总是对别人和周围的环境不满意。但是，如果我们换一个角度看待别人，换一个角度看待周围的世界，就能发现别人也有值得肯定的地方，情况并不像我们想象得那么糟糕。

视角转换的具体做法是，首先把思考对象分解为不同的侧面，冲破常规思维模式的束缚，力求看到思考对象的更多的侧面，然后从不同的角度来思考问题，最后用辩证的观点把对思考对象不同角度的思考综合起来，从而对事物形成一个全面的、立体的认识。我们很容易陷入非对即错的思维模式中，但是这个世界并不是那么简单，还有很多灰色地带。要想全面地公正地看待问题，我们就要进行视角转换，看一看除了对和错之外，是不是还有第三种可能。

1964年，被流放的越南籍僧人一行禅师到了华盛顿特区，寻求美国国会支持终止越南战争。

美国参议员贝利·高德华询问的第一个问题就是："你来自南边还是北边？"

一行禅师的回答是："都不是，我来自中间。"

长得弯弯曲曲的大树，因为没有用处而得以保全性命；会打鸣的鸡，因为有用而得以保全性命。

那么，人应该怎么做呢？庄子说："周将处乎材与不材之间。"

当你摆脱单一视角的束缚，跳出对错之外，你会发现这时眼前出现了更富有创意的选择。

问题转换

英国某报纸曾举办了一项高额奖金的有奖征答活动，题目如下：

在一个充气不足的热气球上，载着3位关系人类兴亡的科学家。一位是原子专家，他有能力防止全球性的原子战争，使地球免于遭受灭亡的绝境；一位是环保专家，他的研究可拯救无数人免于因环境污染而面临死亡的厄运；还有一位是粮食专家，他能在不毛之地运用专业知识成功地种植谷物，使几千万人摆脱因饥荒而亡的命运。

由于充气不足热气球即将坠毁，必须丢下一个人以减轻载重，使其余2人得以生存。该丢下哪一位科学家呢？

问题一经刊出后，很多人争着回答。有人认为应该丢下原子专家，有人认为应该丢下环保专家，也有人认为应该丢下粮食专家，每个人都有自己的一番道理。但最后，巨额奖金得主却是一个小男孩。他的答案是——将最胖的那位科学家丢出去。

3 位科学家都关系着人类的兴亡，很难权衡出谁对人类的价值更大一些。其实这是报纸利用人们的惯性思维设置的陷阱，获奖的小男孩根本不去理会科学家的价值，而是运用了问题转换的思考方法。从最简单的思路出发，把最胖的科学家扔出去，轻松地解决了问题。

我们常面对困难的时候找不到出路，因为我们陷入了自己设置的圈套之中，把原本简单的问题想象得很复杂。结果越来越乱，理不清头绪，本来几分钟就能搞定的问题要用一天的时间来解决，本来轻轻松松就能做完的工作，却把自己弄得精疲力竭。

亚里士多德曾说："自然界选择最简单的道路。"本来很简单的事情，我们何必把它弄复杂呢？那样既浪费时间，又浪费精力，还未必能解决问题。我们应该顺其自然，不要人为地把简单的事情复杂化。要知道，把简单的事情复杂化很简单，把复杂的事情简单化却很难。

我们面对陌生的问题时，常感到无从下手。如果我们把陌生的问题转换为自己熟悉的问题，就好办多了。

有一次，法国园艺家莫尼哀进行园艺设计的时候，需要一个坚固结实的花坛。对于建筑这行他一窍不通，但是作为一个园艺家他很熟悉植物的生长规律。他想到植物的根系密密麻麻地牢牢地抓住土壤才能使参天大树屹立不倒。如果把这个原理应用在建筑中，不就能保证花坛坚固结实了吗？他把土壤转换为水泥，把植物的根系转换为铁丝，把根系固定土壤转换为铁丝固定水泥。这样他建造了一个非常结实的花坛。很快，他的这项发明就在建筑界得到了推广应用，成为一种新型的建筑材料——钢筋混凝土。

运用问题转换思考法，关键是要学会怎样转换。首先要弄明白目前需要解决的是一个什么样的问题，如果盲目转换可能解决不了根本问题。然后从实际情况出发进行转换，不可以从主观愿望出发，否则可能会欲易而更难，欲速而更慢。

当初爱迪生在研制灯泡的时候，曾经让一个刚刚大学数学专业毕业的助手阿普拉去测量灯泡的容积。阿普拉按照常规的方法测量灯泡的直径、周长，试图通过公式进行计算。但是，灯泡的形状是不规则的，计算很困难，而且不精确。阿普拉忙了很长时间也没计算出结果。爱迪生来催问的时候，发现他还在满头大汗地测量。爱迪生随手在灯泡顶端打了一个小缺口，然后灌满水，再把水倒在一个量杯里，看一眼读数，就知道灯泡的容积了。

问题转换的关键在于"变通"。诺贝尔经济学奖得主诺斯说："生活就应该有很多选择，你可以这样选择，也可以那样选择。如果这条路走不通，那么就走另一条。"当你沿着常规的、传统的道路走不通的时候，就应该换一个思考问题的角度，或者从另一个领域寻找解决问题的办法。思考对象的内容、形式、方法和概念都可以根据环境、时间、事件、地点的不同而发生改变。问题转换思考法就是要求我们在需要的时候能够灵活转换，而不是被眼下的问题困住手脚，无法前进。

第五章

图解思考法

图解思考法可算是一种"用眼睛看"的思考工具，它通过插画、图形、图表、表格、关键词等把信息传达出来，以帮助我们有效地分析和理解问题，寻求解决问题的方案。这是一种创造性的有效的整理思路的方法，运用这种方法，你可以把很多枯燥的信息高度组织起来，遵循简单、基本、自然的原则，使其变成彩色的、容易记忆的图。

什么是图解思考法

我们平时表达自己的想法除了用语言就是用文字，你有没有想过用图画来表达自己的想法呢？人类在发明文字之前就是用图画来交流信息的，甚至汉字本身就是从"图画"慢慢发展而来的。从某种意义上说，图画天然就是人类表达思想的有效工具，它更有助于我们进行思考和交流。

世界著名的心理学家、教育学家东尼·伯赞在研究大脑的力量和潜能的时候，曾惊奇地发现伟大的艺术家达·芬奇的笔记本中充满了图画、代号和连线，他意识到这可能是达·芬奇在很多领域取得成功的原因所在。在此基础上，东尼·伯赞于 20 世纪 60 年代发明了思维导图，这种思考法一经公布便很快风靡全球。

东尼·伯赞称赞达·芬奇的笔记本是世界上最有价值的资料之一。达·芬奇在笔记本中使用了大量的图像、图表、插画和各种符号来捕捉闪现在大脑中的创造性想法。这种思考方法正是使他在艺术、哲学、工程、生物等领域获得成功的原因。他的笔记本的核心部分就是图像语言，而文字相对来说处于次要地位。

生物学家达尔文也善于用图解的方式来思考问题。在提出进化论的过程中，他需要尽可能广泛地收集每一物种的信息，并对物种之间的关系进行分析，此外他还要解释各种纷繁复杂的自然现象。为了完成这项艰巨的任务，他设计了一种像分叉的树枝一样的思维导图笔记形式。他发现这是一种非常有效的收集和整理数据的方法，他用了 15 个月的时间绘制出一幅树状思维导图之后，提出了进化论的主要观点。

这是一种创造性的有效的整理思路的方法，你可以通过这种方法把大脑中的信息提取出来，用图画的方式表达出来。运用这种思考法，你可以把很多枯燥的信息高度组织起来，遵循简单、基本、自然的原则，使其变成彩色的、容易记忆的图。

东尼·伯赞说："电脑、汽车等都有很厚的说明书，而人的大脑这部全世界最有深度和力量的机器却没有说明书。"可以说图解思考法就是大脑的使用说明书，这种思考法与我们的大脑的工作原理一样。也许你会认为大脑的工作太复杂了，其实它的基本工作原理很简单，就是想象和联想。不信你可以试试看，当你看到"汽车"这两个字的时候，你的大脑里出现了什么？肯定不是打印出来的两个字——汽车。你的大脑中呈现出的是行驶在公路上的汽车的图像，或者陈列在汽车销售部门的样车，进而你会联想到奔驰、宝马等汽车的品牌，或者驾驶汽车兜风时的感觉。总之，接触到某一思考对象时，你的大脑中就会出现与该问题相关的三维立体画面，这个画面只在一瞬间就产生了，可见你的大脑比世界上最高级的计算机都善于思考。

但是，当大脑进行无意识的想象和联想的时候，它的工作效率会比较低。也许你有过这样的经历，在写工作总结或者策划方案的时候，冥思苦想了很长时间也写不出几行字。因为你的思路很乱，理不清条理，所以一时找不到自己需要的信息。想象一下，你到一座图书馆去借书，但是图书馆里的书杂乱无章，管理员不客气地对你说："你要找的书就在这一堆里，自己找吧。"这是不是很让人头疼？事实上，很多人的大脑就像一座杂乱无章的图书馆，虽然存储了很多信息，但是那些信息处于无序的状态。图解思考法能够使我们大脑中的信息变得井然有序，使大脑具有出色的存储系统和信息检索功能。

图解思考法就是把大脑中充满图像的思考过程显示在纸上，使已知的信息一目了然，使信息之间的关系条理分明。你的思路可以围绕思考对象向各个方向发散。

用图解思考法做一个思维导图类似于绘制一张城市地图，思考对象即城市中心，从城市中心引发出的主干道代表由思考对象引发的主要想法，二级街道代表次一级的想法。如果你对某一点特别感兴趣还可以用特殊的图像表示。

　　当你围绕某一思考对象绘制出一个全景图之后，你就从大脑中提取了大量信息，你可以明确地看出实现某一目的的途径，从而制定出富有创造性的解决问题的方案。

如何绘制图解

　　通过前面所讲解的图解思考法的神奇功效，你是不是已经跃跃欲试，打算绘制自己的第一张图解了？也许开始时你会觉得很难绘制，其实绘制图解一点儿都不难。

　　首先，将头脑中想到的事情用一些关键词写在一张纸上，充分运用想象和联想把头脑中浮现出的信息全部写下来，然后用线条把相关事件连接起来，或用一些符号把事件之间的关系表示出来。这样图解就完成了一半。

　　有了整体轮廓之后，再从细节着手，加入一些基本图形或插画，使所有信息都有视觉化的效果。这样的图解更生动、更形象。

　　图解思考法和其他思考法一样也要经过训练才能掌握其中的诀窍。绘制图解之前要准备一张大一点的白纸，然后，保持自由的心态，就像在白纸上画画一样，发挥你的想象力。之所以在刚开始绘制图解的时候要使用大一些的纸，是因为最初使用这种方法的时候难免要发生逻辑错误。图解只有具备逻辑性才有说服力，必须经过不断练习才能使错误逐渐减少。这是一个必要的过程。图解思考专家西村克己说："绘制图解不可欠缺的工具是橡皮擦。"

　　绘制图解首先要明确自己想通过图解解决的问题是什么，是为了更好地理解一篇文章，还是为了制订一项计划，或者为了寻求新颖的创意？明确目标之后，才有搜寻信息的方向，从而绘制出与问题相关的全景图。

绘制图解应注意：

（1）着手绘图之前要确定整体的布局和结构，保证完成之后的图解的和谐美观。

（2）在中心位置绘制你的思考对象，周围留出空白。用简短的大号字表示出要解决的中心问题。这样可以让你的思维向四面八方自由扩展。

（3）用图画或图像来代表一些值得关注的思考点。一幅图可以刺激大脑进行想象和联想。图画越生动，越能使大脑兴奋。

（4）在绘制过程中尽量使用色彩。色彩同样可以使大脑兴奋，使你的思维更加活跃。而且，色彩可以使信息摆脱呆板、单调、沉闷的气氛，让你的图解变得有趣。

（5）将思考对象与由此引发的思考点连接起来，使各个部分的关系明确起来。这样可以使大脑更容易地发挥联想，从而对信息进行有效地理解和记忆。

（6）在每条分支上写上关键词，尽量不要使用短语和句子。两三个字的关键词既能指引你的思考方向，又能给思维留下广阔的想象空间。

（7）尽量多地使用图形。图解中的图形越多，那么图解的内容就越丰富。但是，要注意图解的美感与和谐度。

（8）一张纸解决一个中心问题。如果妄图在一张纸上表达太多的问题，就会让人感到混淆不清，使问题更加难于解决。如果思考对象相当复杂，也可以试着把它分解成两三个项目进行思考。

从众多的信息中找到合适的关键词需要一定的技巧。在表达意思的时候，如果修饰词和连接词没有什么意义就可以删除，或者用箭头和连线代替。你在平时阅读的时候，可以在能够表达文章中心思想的重要词下面画一条线，用这种方法来训练自己寻找关键词的能力。

与思考对象相关的关键词会有很多，如果用单一的颜色或单一的图形来表示就会造成混乱、没有条理。表达关键词有一定的技巧，我们可以把关键词分为三类，用三种颜色或三种不同的图形来表示。假设我们把 A 作为一类，那么与 A 类相反的信息就是 B 类，剩下的其他情况归入 C 类。可以把 A，B，C 分别用红色、黄色、蓝色来表示，或者分别用圆形、方形、三角形来表示。

找到与思考对象相关的关键词之后，把意思相近的关键词组合在一起，如果有重复的地方可以擦掉一个。然后，用图形将关键词圈起来，就有了图解的模样。接下来，把有因果关系、包含关系、对立关系的关键词用箭头连接起来。这样你就绘制了一幅全景图。

不要一开始就期待绘制出完美的图解，在开始绘图的时候可能把握不好图形的布局和整体结构，不能对信息进行有效地分类处理。俗话说"熟能生巧"，经过一些练习之后，你就能很好地掌握图解的技巧了。

提升图解的说服力

要想提升图解的说服力，首先要清楚地指出整体的构成要素：

1. 从宏观至微观

在组装一台机器之前首先要准备好所有的零件，缺了任何一个零件，哪怕是一个螺丝钉，也不能组装成一个完整的机器。此外，零件之间要互相匹配。无论零件多么先进，如果零件之间不合适，也不会发挥出很好的效果。

从宏观到微观的思考模式很重要，它可以帮我们迅速地理解所有信息的大体内容。你可以先设想一下如果图书没有内容简介和目录会怎么样？除了书名之外，你无从了解一本书的内容，只能一页一页地阅读。如果有内容简介和目录就不同了，你可以很快知道书中主要讲的是什么，甚至对各部分的逻辑关系都会有一定的了解。你还可以直接翻到自己感兴趣的那一章阅读其中的内容。从某种意义上说，内容简介和目录就相当于对书中的内容进行了图解。

从宏观到微观，从整体到局部的顺序符合人们接受信息的习惯，并与人们辨别、理解和记忆信息的能力相适应。我们无法一下子掌握100多页的信息，即使一页一页地看完，也可能看了后面的就忘了前面的。但是如果把信息在一张纸上绘制成图，你就能很快地掌握大体的轮廓。无论是做说明报告还是分析做一件事的过程，运用从宏观到微观的顺序，都很容易让人理解并接受。而且看过之后，也不容易忘，想到相关问题时，那幅图就会自动浮现出来。

从宏观上把大体轮廓展现出来之后，接着就该描绘细节部分了，从微观上把大量信息整理出来。比如，工厂的业务过程图就是从宏观上来表现的，要想细致地了解每个环节是如何运作的，就要从微观上绘制每个环节的运作流程。图中以产品的研发为例，从细节上展现研发的过程。

从宏观到微观的思维模式还有一个好处：从整体上把握思考对象之后，你就能知道哪些信息是重点，哪些是非重点，然后对重点内容着重理解和分析，对非重点内容快速浏览。

2. 随时注意是否有遗漏和重复的信息

如果遗漏某些信息，就不能完整、全面地了解问题，可能会让你失去很多机会。如果信息出现重复现象，就会给理解造成混乱，还会让你把简单的问题变复杂，花费更多的时间和精力处理重复的信息。因此要想提高图解的说服力，就要随时注意是否有遗漏和重复的信息。

避免信息遗漏或重复的有效方法是对信息进行有效地分类，如果宏观分类不能涵盖所有的信息，那么在细节上就很有可能会遗漏信息。如果分类出现交叉现象，那么在填充详细信息时就可能会出现重复。

3. 排列信息的优先顺序

信息有主次之分，有些信息对我们理解问题、解决问题很关键，有些问题则可以忽略不计。如果像关注关键信息一样关注那些无关紧要的信息，就会浪费很多精力。因此绘制图解时要把信息按照优先顺序排列，以便舍弃多余的信息，把注意力集中在比较重要的信息上。

比如，当你为高档汽车寻找目标消费群的时候，应该把注意力集中在那些事业有成的人身上，而不应该把过多的精力花费在打工者身上。

下篇 ◆ 好经验

第一章

社会不会等待你成长，慎重对待机遇

一个人如果以对抗的姿态出现在社会中，等待他的必然是失败，无论多么强大的个体都是无法去改变他置身社会的事实，你所要做的便是学会成长，学会与社会和解。复杂的社会，不会有太多的时间和空间等你长大……

慎重选择自己的职业

事业是我们在人生的深渊边上行走时最有力的栏杆，如果我们不能选对自己的栏杆，就会从深渊边上失足坠落，人要想生活得自由自在，就得选择适合自己的生活与工作环境。只有如此，我们才有信心在明天美好地活着。

做你喜欢做的，让别人说去吧

兴趣永远是最好的老师，如果你喜欢你所从事的工作，你工作的时间也许很长，但却丝毫不觉得这是一种折磨，反倒是种享受。

爱迪生就是一个好例子。这位未曾进过学校的送报童，后来却使美国的工业生活完全改观。爱迪生几乎每天在他的实验室里辛苦工作 18 个小时，在那里吃饭、睡觉。但他丝毫不以为苦。"我一生中从未完整休息过一天”，但他宣称“我每天乐趣无穷”。

汉姆生曾经说过："热爱他的职业，不怕长途跋涉，不怕肩负重担，好似他肩上一日没有负担，他就会感到困苦，就会感到生命没有意义。"每一个从事他所无限热爱的工作的人，都可以成功，而一个人在选择职业时最大的悲剧则是从来没有发现自己真正想做些什么，所以那么多人在开始时野心勃勃，充满玫瑰般的美梦，但到了40岁以后，却一事无成，痛苦沮丧，甚至精神崩溃。事实上，有很多人花在选购一件穿几年就会破掉的衣服上的心思，都远比选择一件关系将来命运的工作要多得多。他们往往不能听从自己的心声，不了解自己的兴趣，依据别人的评判做出事业的选择，结果最后一事无成。

有一位很有艺术造诣的年轻人，在大学时每天都花很长时间练琴。毕业后，他顺利申请到奖学金继续深造。他仍每天苦练8至10个小时的琴。

一年之后他却整个人都变了。

他申请到最好的音乐学院的奖学金，但只读了8个月就中途辍学了，他之所以作出决定，部分原因就在于——他常常得在不同的听众面前演奏，并接受各类批评。他得到的批评不一而足——有的极中肯，有的却流于恶意攻击，他却因此而一蹶不振。他深陷沮丧，已有很长时间没有碰他心爱的钢琴。

不管朋友怎么劝，都没法让他释怀。那些无谓的批评像利剑一般刺入他的心中，他在心理上无法对恶语设防，因而丧失了追求梦想的勇气。

他决定改行去做老师，回大学去拿教育学位，不过，他甚至连"教"音乐也不愿意。

这么有天分的人却因为盲从别人的评判而最终过起了与自己的心愿大相径庭的生活。放弃自己所喜欢的职业，轻则失去了自己更臻完美的机会，重则危及自己的健康，让自己痛苦一生。在我们选择职业时，一定要记住："绝不要为了别人的喜爱，去选择适合别人的工作或生活目标。否则，将是你失败和不幸的开始。"

做你适合做的，量力而行

在一座小城里，有一个年轻人以卖炊饼为生。他白天卖炊饼，到了晚上，便吹笛子自娱自乐。因此，天天晚上，悠扬的笛声都能从他的屋里飘出来，他活得很自在，也很快乐，脸上时常挂着笑容。他的邻居是个大商人，觉得他为人老实，就借给他一万贯铜钱，让他做大生意，不要再卖炊饼了。从此，这个卖炊饼的人便白天忙生意，晚上忙算账。只闻他屋里算盘响，再也听不到悠扬悦耳的笛声了。

他在白天做生意时，心情经常不好，既害怕出差错，又担心亏本。过了些日子，他实在不愿再过这种担惊受怕的日子了。于是，他把钱如数还给邻居，又做起卖炊饼的小生意来，每逢晚上，他的屋里又传出了美妙的笛声。

做大生意固然能带来充足的物质享受，但却不是人人都能做，人人都适合做的。有的时候，你必须知道自己只是普通沙粒，而不是价值连城的珍珠。不要抵制不住外界的诱惑而过不适合自己的生活。每个人的人生都有自己的轨迹，挖一口真正属于自己的井，而不要望着别人桶里的水止渴，这才是理智的选择。

"一个人的一生只能做好一件事"，因此，一个人要实现人生的价值，就得珍惜有限的时间，就得选择最适合于自己去做的事。不要什么都做，结果什么都做不到极致，既浪费了时间也浪费了生命，徒留悲切在心中。

无论做什么事，都要自身的基本素质所许可，如果是一些特殊的职业，对一个人自身的条件要求会更高。有的职业对身体素质要求比较高，如运动员、演员、飞行员、时装模特儿，等等；有的职业对智力要求比较高，如科学家、作家、商业策划人员，等等；有的职业则要求所从事的人员综合素质好，如政治家、外交家、电视节目主持人、高级管理人员，等等。还有一些特殊的职业，则对人的某一个方面有特别的要求，一般人难以从事这些工作，例如品酒员，则要求有独特的味觉和嗅觉，等等。

因而，光有爱好、兴趣还远不够，还必须具备从事这项职业所需要的身体或智力条件。就像很多人都羡慕运动员、演员的风光。但是，要想使自己成为一个运动员或演员，那不是靠爱好、靠勤奋努力就能够做到的。就像"飞人"乔丹在NBA赛场上所向披靡，但一旦打起了橄榄球就不过只是二流水平而已。

生活中许多人之所以不能取得成功，或者成就不大，有很大原因是这些人不能认识自己所处的环境和自身条件，结果许多人盲目地去做自己不适宜做的事，失败或成就很小乃是必然的事。

例如，许多人特别是一些年轻的朋友，由于读了一些文学作品，也多少了解一些作家的逸闻趣事，但连一定的文学素养都不具备，就要立志去做一个作家，世上哪有这样容易的事呢！甚至一些文化程度低下的人，也埋头著书立说，暂且不说这样的人要成为一个真正的作家实在是不可想象的，就是在报刊上发表几篇习作也不是轻而易举的事，白白浪费自己宝贵的年华。如果用这些时间和精力，去干适合自己干的事，也许早就有所成就了。做自己适合做的事，即使一时成功不了，坚持下去也必有收获，即使得不到巨大的成功，也不至于一无所获。这是我们在选择职业时所必须要认清的事实。纵使你成不了珍珠，你也可以做最有价值的那粒沙子。

做你能够做的，发掘自己

演技派电影明星达斯丁·霍夫曼在"金球奖"的颁奖典礼上接受终身成就奖时，提到了一个真实的小故事。30年前，有一次，他为了《毕业生》那部电影宣传，碰巧与音乐大师史达温斯基在同处接受访问。主持人问起史氏，何时是他一生当中最感到骄傲的时刻——新曲的首度公演？功成名就、掌声四起？史氏都一一否认，最后，他说："我坐在这里已经好几个小时了，这期间，我一直不断地在为我新曲中的一个音符绞尽脑汁，到底是'1'比较好？还是'3'？当我最后发现众里寻她千百度那一个音符的一刹那，是我人生中最快乐、最骄傲的时刻！"霍夫曼说，他被大师感动得当场哭了出来。

如同伟大的作曲家心无旁骛，孜孜不倦地寻找一个最能感动他的音符，不管是从事何种行业的人，都必须认识自己的潜能，确信自己所能够干成什么，否则就很可能会埋没了自己的才能。知道自己能成为什么样的人，不仅能帮助个人实现目标，更重要的是有助于真正了解自己，从而设计出合理、可行的职业生涯发展方向。在激烈竞争的时代，只有掌握个人的竞争优势，才能把握稍纵即逝的机会，发挥个人的潜能，才能实现预定的目标。

一个人如果能从事可以激发起自己潜能的职业，他如果对自己的职业坚信不疑，如果不心怀二志，那么他的心里就只知道有这个职业，只承认这个职业，也只尊重这个职业。

对于一个人来说，自我埋没无疑是最让人遗憾的。爱因斯坦在读大学时的老师佩尔内教授有一次严肃地对他说："你在工作中不缺少热心和好意，但是缺乏能力。你为什么不学医、不学法律或哲学而要学物理呢？"幸亏爱因斯坦深知自己在理论物理学方面有足够的才能，没有听那位教授的话。否则，历史上，也许会多了一位平庸的医生或律师，却少了一位伟大的物理学家。

选择一份你所喜欢的，适合你自己的、你能做成的事业是缔造美丽的人生的开始，这样的事业之火才是不会熄灭的，它们会像太阳和月亮升起那样永获新生，并祝福仰望它们的人。

不仅仅为了薪水而工作

如果可以选择的话，没有人会选择平庸。但是，就在成千上万的人做着同样的事情，重复着同样的故事时，却有那么多的人走向了平庸。令他们平庸的是他们的工作吗？但为什么相同的工作，却有很多人用它谱出了生命中华丽的篇章？这是因为，有些人仅仅为了工作而工作，他们的目标只是薪水，而一个在工作上有追求的人，却可以把"梦"做得更高些，虽然开始时是梦想，但他们对工作的追求，使得他们把梦想变成了现实。

1.75 美元与整条铁路的区别

盛夏的一天，一群人正在铁路的路基上工作。这时，一列缓缓开来的火车打断了他们的工作。火车停了下来，一节特制的并且带有空调的车厢的窗户被人打开了，一个低沉的、友好的声音问道："大卫，是你吗？"

大卫·安德森——这群工人的主管回答说："是我，吉姆，见到你真高兴。"于是，大卫·安德森和吉姆·墨菲——铁路的总裁，进行了愉快的交谈。在长达一个多小时的愉快交谈之后，两人热情地握手道别。大卫·安德森的下属立刻包围了他，他们对于他是墨菲铁路总裁的朋友这一点感到非常震惊。大卫解释说，20多年以前他和吉姆·墨菲是在同一天开始为这条铁路工作的。

其中一个下属半认真半开玩笑地问大卫，为什么你现在仍在骄阳下工作，而吉姆·墨菲却成了总裁。大卫非常惆怅地说："23年前我为1个小时1.75美元的薪水而工作，而吉姆·墨菲却是为这条铁路而工作。"

1个小时1.75美元的薪水是无数像大卫这样的铁路工人工作的目的，他们日复一日地为1.75美元工作，1.75美元也一日复一日地回应着他们，日久天长，他们工作的回报仍然是1.75美元，而最初就是为整条铁路而工作的人，时间也回报给了他整条铁路。仅为了眼前的薪水而工作的人，他的内心永远不可能装下整个的天空，燕雀安知鸿鹄之志？为了薪水而工作的人，他的一生都不得不重复着为了一点点物质利益而殚精竭虑的故事，他的薪水最后仍然是刚开始那么多。

以薪水为目的，最终将失去乐趣

非洲的某个土著部落迎来了从美国来的旅游观光团，部落里的人们虽然还没有什么市场观念，可面对这样好的赚钱商机，自然也是不会放过。

部落中有一位老人，他正悠闲地坐在一棵大树下面，一边乘凉，一边编织着草帽，编完的草帽他会放在身前一字排开，供游客们挑选购买。他编织的草帽造型非常别致，而且颜色的搭配也非常巧妙，可以称得上是巧夺天工了，游客们纷纷驻足购买。

这时候一位精明的商人看到了老人编织的草帽，他脑袋里立刻盘算开了，他想：这样精美的草帽如果运到美国去，我敢保证一定会卖个好价钱，至少能够获得10倍的利润吧。

想到这里，他不由得激动地对老人说："朋友，这种草帽多少钱一顶呀。""10块钱一顶。"老人冲他微笑了一下，继续编织着草帽，他那种闲适的神态，真的让人感觉他不是在工作，而是在享受一种美妙的心情。

"天哪，如果我买10万顶草帽回到国内去销售的话，我一定会发大财的。"商人欣喜若狂，不由得为自己的经商天才而沾沾自喜。

于是商人对老人说："假如我在你这里订做1万顶草帽的话，你每顶草帽给我优惠多少钱呀？"

他本来以为老人一定会高兴万分，可没想到老人却皱着眉头说："这样的话啊，那就要100元一顶了。"

要每顶100元，这是他从商以来闻所未闻的事情呀。"为什么？"商人冲着老人大叫。老人讲出了他的道理："在这棵大树下没有负担地编织草帽，对我来说是一种享受，可如果要我编 1 万顶一模一样的草帽，我就不得不夜以继日地工作，不仅疲惫劳累，还成了精神负担。难道你不该多付我一些钱吗？"

连一个普通的老叟都知道把原本是一种享受的工作，当成一种负担是多么痛苦的一件事，而我们很多人却不懂得这个道理。当我们为了特定的某种利益而奔走劳累时，失去的不仅是时间，更是心灵上的不自由。当工作不再是一种快乐，而是一种负担时，我们就成了薪水的奴隶，被它驾驭着不知去向。

对于真正懂得工作的人来说，工作就像是他最爱吃的巧克力，这个来自他心灵真实的隐喻，将带给他无比的快乐和热情，他将对工作乐此不疲。

工作也是你的巧克力吗？也许你说不是。那么工作对你来说是什么呢？是游戏？是战斗？是旅行？是煎熬？或者是别的什么？不管你的隐喻是什么，它都泄露了你现在的工作状态，你的隐喻总是在如实地反应你的内心，它是你内心的真实图景。

隐喻无所谓对错，无论你认为工作像什么，你都是对的，因为那是你真实的感受，你做到了对自己诚实无欺。当然，你心里知道有的隐喻带给你的是力量，有的隐喻却在隐蔽地扼杀着你的工作激情，让你停滞和烦躁。

像那些把工作当作自己最喜欢的巧克力的人，他得到的就是巨大的工作热忱，他真的是在享受工作的乐趣，如同享受美味。可如果有个人一想起工作就觉得像要投入一场为薪水而拼命战斗，他的心气可能立刻就下去了，因为战斗意味着激烈、拼杀、残酷，其结果终究是一场血腥。终日守着这样的隐喻的人，工作的效果和效率恐怕都要降到零了。

好在隐喻并不是一个不能改变的东西，只要我们意识到不好的隐喻带给我们的巨大的负面力量，而愿意积极地改变隐喻，从而改变我们内心体验。

工作在一个人的体验里胜似美味而在另一个人的体验里却是战斗，这或许与工作本身关系不大。因为隐喻是我们感受形象化的产物，它实际上是一个完全主观的东西，就好像我们会对同一件事情有不同的看法、观点一样。所以，改变隐喻实际上是一件很简单的事情，因为你实在不必守着你原来的隐喻不放，那不是事实，那只是你心里的真实，改变隐喻的同时，你将在瞬间借着隐喻的力量改变你的工作的体验。

工作真的是一台枯燥乏味的印钞器吗？难道它不能是一场篮球比赛？或者它难道不能是一款网络游戏？你难道不能把工作想象成你所喜欢的那些东西吗？

对于像乔丹、麦迪、奥尼尔这些 NBA 大牌明星来说，打球就是他们的工作，而他们可绝不仅是为了这年薪动辄几千万甚至上亿的诱惑而打球。如果是这样的话，我们就不可能欣赏到他们在球场上激情四射的表演了，而他们最终也会失去那份高薪。

在看风景的旅途中完成工作

从前，在山中的一个铁矿里，有一个小矿工被要求去买食用油。在离开前，矿里的厨师交给他一个大碗，并严厉地警告："你一定要小心，我们最近财务状况不是很理想，你一旦把油洒出来，你这周的工资就会被扣除。"

小矿工答应后就下山到城里，到厨师指定的店里买油。在上山回矿的路上，他想到厨师凶恶的表情及严厉的告诫，越想越觉得紧张。小矿工小心翼翼地端着装满油的大碗，一步一步地走在山路上，丝毫不敢左顾右盼。

很不幸的是，他在快到厨房门口时，由于没有向前看路，结果踩到了地上一个坑。虽然没有摔跤，可是却洒掉三分之一的油。小矿工非常懊恼，而且紧张到手都开始发抖，无法把碗端稳。终于来到厨房时，碗中的油就只剩一半了。

厨师拿到装油的碗时，当然非常生气，他指着小矿工大骂："你这个笨蛋！我不是说要小心吗？为什么还是浪费这么多油，真是气死我了！"

小矿工听了很难过，开始掉眼泪。另外一位老矿工听到了，就跑来问是怎么一回事。了解事情的经过以后，他就去安抚厨师的情绪，并私下对小矿工说："我再派你去买一次油。这次我要你在回来的途中，多观察你看到的人和事物，并且需要跟我做一个报告。"

小矿工想要推卸这个任务，强调自己油都端不好，根本不可能既要端油，还要看风景、做报告。

不过在老矿工的坚持下，他只有勉强上路了。在回来的途中，小矿工发现其实山路上的风景真是美。看得到远方雄伟的山峰，又有农夫在梯田上耕种。走不久，又看到一群小孩子在路边的空地上玩得很开心，而且还有两位老先生在下棋。在这样走看风景的情形下，不知不觉就回到矿上了。当小矿工把油交给厨师时，发现碗里的油，装得满满的，一点都没有损失。

很多时候，我们越是紧张，就越要为这碗油付出代价。而当我们以看风景的心情来对待这碗油时，就不仅会从中得到愉悦，而且会拥有旁观者的豁达和视野，收到"有心栽花花不开，无心插柳柳成荫"的奇效。不仅为了薪水而工作，不只是一种精神，更是一种睿智，一种心胸。

社会不会等待你成长

个人与社会的矛盾和对峙自有社会那天起便存在，一个人如果以对抗的姿态出现于社会中，等待他的必然是失败，无论多么强大的个体都是无法去改变他置身其中的社会的，你所要做的便是学会成长，学会与社会和解。

在别人眼中，保文和晓妍是完美的一对。流言蜚语曾困扰过他们，然而他们携手冲破了重重的阻碍，风风雨雨已转眼 6 年。和所有的热恋中的男女一样，他们曾许下海誓山盟，相伴到老，永不分离。

保文是个优秀的男孩，才华横溢，最让晓妍心动的是他的体贴和幽默。生活中没有经历太多挫折的晓妍是父母的掌上明珠，被包裹在蜜糖里，俨然一个骄傲的公主。她最喜欢依偎在他的怀里，静静地听他说话，这是她最幸福的时刻。

所有的一切都是那么恬美和平静，而每次暴风雨来临之前总是宁静的可怕……由于工作繁忙，保文不能像从前那样经常陪晓妍了，然而，每次看到她一脸的渴望和怜爱，他在犹豫之后还是留在了她身边。那一天，晓妍又用真诚的眼神看着他，他明白了她的意思，但是坚定地告诉她，我有我的工作，我很忙，不能陪你，对不起。骄傲的公主什么理由也听不进去，大家沉默了很久。

保文终于开口："我只想做回我自己。为了你，我这6年已经改变了很多，你能为我改变一下你的性格吗？"

"我不敢保证。"

"你不觉得你把我逼得太紧了吗？"

一片沉默。

"那我们分手吧，不再束缚你，给你自由。"

"知道你在说什么吗？"

晓妍多想收回那句话，但是她是个骄傲的公主，从不认错。她不敢看他的眼睛，说："我很冷静。"

"如果你真的想好了，我祝你幸福。"

此时，保文的心很痛，他不明白，6年的时间，为什么她仍然不能长大？骄傲的公主仍然天真地认为，他会像以前一样，哄哄她，然后一如往昔。可她这次错了！直到她看到他的留言，相爱的人并不一定适合在一起，相爱是让彼此做自己。她后悔了。

一个无心的分手玩笑，竟会造成这样的后果，是让晓妍怎么也想不到的。她终于为她的任性付出了代价！6年来，他用心地爱着她，几乎答应她所有的要求，合理的，不合理的。她以为他这一切都是心甘情愿，此刻才恍然明白他付出的辛苦和无奈，他一直都在期盼她自己能意识到这点，可惜他失望了。

深夜11点，习惯此时收到保文短信的晓妍却没能等到那熟悉的文字，他一定伤透心了。骄傲的公主平生第一次鼓起勇气，决定说声"对不起"。

"对不起……"

"爱没有对错，只有适合和不适合。我想得到你的肯定回答，可是你没有，我很心痛。"

"和我在一起你真的很辛苦吗？你快乐过吗？你还爱我吗？"

"我有过快乐，也有过痛苦。我不知道还该不该爱你……"

"明白了，那就别勉强自己吧！找个能给你真正快乐的女孩吧！"

"我很清楚，自己是爱你的。但是目前的状态是我们不适合再回到从前了，我希望看到一个崭新的你。我等你！"

此时此刻，晓妍彻底从睡梦中醒悟了。那一刻，她终于明白自己是多么害怕失去这份刻骨铭心的爱情！骄傲的公主决心变回灰姑娘，等待成为涅槃的凤凰。在日记的扉页，晓妍这样写道：

爱一个人，要让他好好做自己，而不是做爱情的奴隶；

爱一个人，要让他活得有尊严，有价值；

爱一个人，要给他自己的空间和时间；

爱一个人，首先自己要成熟……

爱人尚且没有时间等你成长，况且纷纭复杂的社会，更不会有太多的空间容纳你的不成熟，不管何时何地，你要知道，社会不会等着你成长。

少一分书生意气，多一分入世心态

学校生活和社会生活相通但又不同，正如北大法学院校长朱苏力告诫毕业生说：社会更多是一个利益交换的场所，是一个市场，是"平民政治"。评价的主要标准不是你的智力优越与否（尽管你的聪明和智慧仍然可以帮助你），而是你能否拿出别人想要的东西。这个标准不再由中心——教师确定，而是分散——由众多消费者确定的。

因此，我们的同学千万不要把自己16年来习惯了的校园标准原封不动地带进社会，否则你就会发现"楚材晋不用"，只能像李白那样用"天生我材必有用"来安慰自己，更极端地，甚至成为一个与社会、与市场格格不入的人。

"尽管社会和市场的手是看不见的，但它讲的却都是看得见摸得着的；它不讲期货，讲也都是将之转为现货。人可以批评它短视，但它通常还是不会，而且没有义务，等待你成长和成熟。它把每个进入社会的人都当作平等的，不考虑你刚毕业，没有经验。如果你失去了一次机会，你就失去了；不像在学校，会让你补考，或者到老师那里求个情，改个分数。"

人生不售回程票，不是所有的东西都可以重来，人卷挟于社会中，犹如置身于你不得不身陷其中的舞台，你注定要扮演某个角色，虽非心甘情愿，却也无可奈何。知道树为什么会落叶吗？知道花儿为什么凋谢后来年又会开花吗？知道小草为什么每到秋天就枯黄，春天就破土而出吗？知道大雁为什么要南飞吗？知道……太多的为什么，你知道吗？也许你并不十分清楚，你要明白，通过这么多的为什么，它们学会了成长。

没有了先"死"后"生"的成长，你的人生不会精彩，更不会成长。就像蝴蝶一样，终有一天要破茧而出，从令人厌恶的毛毛虫变成美丽的蝴蝶。没有了先"死"后"生"的成长，你的人生不会从谁都不愿理的丑小鸭变成美丽无比的白天鹅，这是一个过程，是生命中不得不经受的历练，也许蜕变的过程是坎坷的，但只有在这种坎坷中，你才会成长，才会懂得与社会和谐相处。

慎重对待机遇

机会不会从天而降，有的时候"伟大的事业降临到渺小人物的身上，仅仅是短暂的瞬间。错过了这一瞬间，它绝不会再恩赐第二遍"；可是有时候"机会似乎是很诱人的，但事实上却有很多遥不可及和美好的事物都是骗人的幌子"。所以，就像我们立在十字路口，如履薄冰一样，当机遇向我们迎面扑来时，我们迎接它的手应该是慎重的，而不是草率的。

苹果熟了才能采摘

1950 年，日本丰田公司因破产危机，工业公司和销售公司发生分离。但是，不久爆发的朝鲜战争却给丰田带来了良机，美军大量的卡车订单使丰田汽车公司起死回生。这对于亲身体验了产销分离痛苦的丰田英二来说，自然希望回到以前产销一体的体制。

但是事情并非那么简单，工业公司和销售公司分离的体制已经形成，当时负责技术部门的董事丰田英二，深知即使他提出重新合并的建议，在当时也是行不通的。

丰田英二在确定丰田的未来发展方向时，决断很慢，这是因为英二在深思熟虑考察各种条件的同时，还要衡量各方面的利益是否均衡。他认为条件不成熟，即使机遇再好也是要失败的，他只有耐心地等待成熟时机的到来。

直到 20 世纪 80 年代初，丰田的两家公司才终于结束了长达 32 年的产销分离，诞生了全新的丰田公司，丰田英二的等待终于有了丰硕的成果。

在处理丰田赴美建厂一事上，丰田英二也同样小心谨慎，耐心等待时机的成熟。

丰田进军美国，在日本汽车厂商中，是继本田、日产之后的第三家，为此不少人抱怨为时太晚。会长丰田英二和社长丰田章一郎的回答是："我们在等待真正有利的时机，我们的行动并没有落后。"由于采取了谨慎的战术，丰田公司终于顺利地打入了美国汽车市场。

每一个扑向你身边的机遇也不一定是最适合你的。有时候你要冷静下来，衡量利弊才能做出取舍。"苹果青的时候是不应该摘取的，它熟的时候，自己会落，但你若在青的时候摘取，便是损害了苹果和树，并且要使牙齿发酸的。"不过，在摘苹果的时候等一等，并不是守株待兔。当断不断，一旦把犹豫当作慎重，错过熟苹果掉落的时机，你就只有眼睁睁地看苹果腐烂了。

一位富翁家的狗在散步时跑丢了，于是富翁就在当地报纸上发了一则启事：有狗丢失，归还者，付酬金 1 万元。

启事刊出后，送狗者络绎不绝，但都不是富翁家的。富翁的太太说，肯定是真正捡狗的人嫌给的钱少，那可是一只纯正的爱尔兰名犬。于是富翁就把电话打到报社，把酬金改为 2 万元。

一位沿街流浪的乞丐在报摊看到了这则启事，他立即跑回他住的窑洞，因为前天他在公园的躺椅上打盹时捡到了一只狗，现在这只狗就在他住的那个窑洞里拴着。果然是富翁家的狗。

乞丐第二天一大早就抱着狗出了门，准备去领2万元酬金。当他经过一个小报摊的时候，无意中又看到了那则启事，不过赏金已变成3万元。

乞丐又折回他的窑洞，把狗重新拴在那儿。第四天，悬赏额果然又涨了。

在接下来的几天时间里，乞丐天天浏览当地报纸的广告栏。当酬金涨到使全城的市民都感到惊讶时，乞丐返回了他的窑洞。可是那只狗已经死了，因为这只狗在富翁家吃的都是鲜牛奶和烧牛肉，对于这位乞丐从垃圾桶里捡来的东西根本消受不了。

乞丐的待价而沽并不是没有道理。可慎重是审度时宜，在该出手时候就出手，而不是闭着眼睛等着更好的时机来临。错过了出手的最佳时刻，你依然摘不到苹果。

苹果青的时候就该准备好篮子

卡罗·道恩斯原是一家银行的职员，但他放弃了这份在别人看来安逸但自己觉得不能充分发挥才能的职业，来到杜兰特的公司。

当时杜兰特开了一家汽车公司，这家汽车公司就是后来声名显赫的通用汽车公司。工作6个月后，道恩斯想了解杜兰特对自己工作优缺点的评价，于是他给杜兰特写了一封信。道恩斯在信中问了几个问题，其中最后一个问题是："我可否在更重要的职位从事更重要的工作？"

杜兰特对前几个问题没有作答，只就最后一个问题作了批示："现在任命你负责监督新厂机器的安装工作，但不保证升迁或加薪。"杜兰特将施工的图纸交到道恩斯手里，要求："你要依图施工，看你做得如何？"

道恩斯从未接受过任何这方面的训练，但他明白，这是个绝好的机会，不能轻易放弃。道恩斯没有丝毫慌乱，他认真钻研图纸，又找到相关的人员，做了缜密的分析和研究，很快他就明白了这项工作，终于提前一个星期完成了公司交给他的任务。

当道恩斯去向杜兰特汇报工作时，他突然发现紧挨杜兰特办公室的另一间办公室的门上方写着：卡罗·道恩斯总经理。

杜兰特告诉他，他已经是公司的总经理了，而且年薪在原来的基础上在后面添个零。"给你那些图纸时，我知道你看不懂。但是我要看你如何处理。结果我发现，你是个领导人才。你敢于直接向我要求更高的薪水和职位，这是很不容易的。我尤其欣赏你这一点，因为机会总是垂青那些主动出击的人。"杜兰特对卡罗·道恩斯说。

固然，我们应该在苹果熟了的时候才去摘取，但机遇树上的苹果一变青我们就要在手中准备好篮子，如果不是道恩斯主动出击，也许机遇永远不会来叩响他的大门，我们在开始做事时就要像千眼神那样视察时机，对青苹果时刻保持警惕——因为这是苹果成熟的征兆。正如培根所说："机会老人先给你送上他的头发，当你没有抓住再后悔时，却只能摸到他的秃头了。"

两个青年一同开山，一个把石块砸成石子运到路边，卖给建房的人；一个直接把石块运到码头，卖给杭州的花鸟商人，因为这儿的石头总是奇形怪状，他认为卖重量不如卖造型。3年后，他成为村里第一个盖起瓦房的人。

后来，不许开山，只许种树，于是这儿就成了果园。等到秋天，漫山遍野的鸭梨招徕八方商客，他们把堆积如山的鸭梨成筐成筐地运往北京和上海，然后再发往韩国和日本。因为这儿的梨汁浓肉脆，鲜美无比。就在村里人为鸭梨带来的小康生活欢呼雀跃时，曾经卖石头的那个果农卖掉果树，开始种柳。因为他发现，来这儿的客商不愁买不到好梨，只愁买不到盛梨的筐。5年后，他成为第一个在城里买房的人。

再后来，一条铁路从这儿贯穿南北，北到北京，南抵九龙。小村对外开放，果农也由单一的卖果转向开始谈论果品的加工及市场开发。就在一些人开始集资办厂的时候，这个村民在他的地头砌了一座3米高100米长的墙。这座墙面向铁路，背依翠柳，两旁是一望无际的万亩梨树。坐火车经过这儿的人，在欣赏盛开的梨花时，会突然看到四个大字"可口可乐"。

据说这是500里山川中唯一的广告。那墙的主人凭着这墙，第一个走出了小村，因为他每年有4万元的额外收入。

20世纪90年代末，日本丰田公司亚洲代表山田信一来华考察。当他坐火车路过这个小山村时，听到这个故事，他被主人公罕见的商业头脑所震惊，当即决定下车寻找这个人。当山田信一找到这个人的时候，他正在自己的店门口跟对门的店主吵架，因为他店里的一套西装标价800元时，同样的西装对门就标价750元；他标价750元时，对门就标价700元。一个月下来，他仅批发出8套西装，而对门却批发出 800 套。山田信一看到这情形，以为被讲故事的人骗了。但当他弄清楚事情的真相后，立即决定以百万年薪聘请他，因为对门那个店，也是他的。

　　生活就是这样，在别人卖石头的重量时，你抢先一步卖造型，在别人卖水果时，你抢先一步卖盛水果的筐，时机就这样被你捕捉到了。在别人等着机会老人露头时，你抢先一步把他送上来的头发抓住，那么你就是能第一个摘到熟苹果的人。

第二章

选择需要智慧，放弃需要理智

所谓取舍，其实就是一种选择，在得到与放弃之间作出自己的选择。
我们每个人想要的东西都很多，可真正属于自己的又能有多少，或许不过是
沧海一粟。所以，有时候，如果我们可以放弃一些固执、限制甚至利益，反
而可以得到更多。

懂得取舍，学会选择

所谓取舍，其实就是一种选择，在得到与放弃之间作出自己的
选择。我们每个人想要的东西都很多，可真正属于自己的又能有多
少，或许不过是沧海一粟。

"鱼，我所欲也；熊掌，亦我所欲也。二者不可得兼，舍鱼而
取熊掌者也。生，亦我所欲也；义，亦我所欲也。二者不可得兼，
舍生而取义者也。"孟子通过鱼和熊掌的不可兼得，引申到生命与
义之间的选择，得出的结论是，舍生取义。

虽然生活中很少有人会遇到在生命与正义之间作出选择的机
会，但选择无处不在。面对生命，有时也需要抉择，在躯体的完整

与生命的延续间，需要取舍；同样的，面对丰富多彩的世界，会面临许多选择。比如在读书的时候，我们要面临选择学校专业。在毕业的时候要选择继续深造还是马上就业。在生活中，我们要选择恋人和朋友。到了人生的暮年，我们同样要面临各种选择，是独享晚年还是与儿女们共同度过等的问题。每当面对取与舍时，很多年轻人都会在有意无意地作着选择，因为取意味着得，舍意味着失。于是在取舍之间，我们自然而然地趋向于前者。然而，生活这门艺术并非如此简单，生活并不像一加一等于二那么一目了然，生活当中的取舍艺术，也并不是取与得、舍与失的一一对应关系。生活当中的有关取与舍的艺术，需要我们用自己的智慧和力量去实践。

当面对鱼和熊掌不能兼得的选择时，年轻人应学会放弃，应当有所为，有所不为。我们失去的，会有回报，不要悲观地感慨"不可兼得"地失去，要乐观地看到"失之东隅，收之桑榆"。

仔细观察就不难发现：成功者往往有着很强烈的紧迫感，他们一旦认识到所面临的事情有价值时，就会全身心地去奋斗，巧妙策划，不怕挫折，直至达到目的。

美国著名的心理学家、哲学家威廉·詹姆斯曾经说过："明智的艺术即取舍的艺术。"在很多时候，都要做到适度的取舍。如若不能很好地面对生活中各种纷繁复杂的事物，不能对这些事物进行适度的取舍，那么我们在生活中的表现就不能算得上是明智的。那些不懂取舍之道的人也不能算得上是生活中的大智慧者。

在人生道路上，当面对种种取与舍的选择时，我们必须认真地加以选择。只有合理适当地进行取舍，我们才能走上正确的人生道路，尽享人生道路上的各种乐趣。

面对机会的来临，我们常有许多不同的选择方式。有的人会默默地接受；有的人持怀疑的态度，站在一旁观望；有的人则顽强得如同骡子一样，固执地不肯接受任何新的改变。而不同的选择，当然会导致截然迥异的结果。许多成功的契机，起初未必能让每个人都看得到其深藏的潜力，而起初抉择的正确与否，往往便是成功与失败的"分水岭"。

所以，有时候，如果我们可以放弃一些固执、限制甚至是利益，我们反而可以得到更多。所以，在我们面对很多选择的时候，不要固执地去选择其中的一个，换一种角度，试着去放弃一些，效果会更好。

要选择你最擅长的

选择无处不在，比如选衣服、选朋友、选伴侣、选工作、选时机、选环境……人人在选择，人人也在被选择。选择是为了"两害相衡取其轻，两利相权取其重"。选择是需要付出代价的，有时候失之毫厘，谬之千里，正所谓"一失足成千古恨"。一个人如果有时间坐下来回顾自己走过的路，或多或少都会有一些对当初的选择后悔。有人说："人生的悲剧说穿了就是选择的悲剧，随便选择将失去更好的选择。"我们姑且不论前半句话是否是事实，但就成功而言，后半句话则值得重视。

人生最重要的，不在于目标怎样宏远，或者如何踌躇满志，而是善用自己的才干和能力，并且有最佳的发挥。有时候，做自己想做的事远不如做自己能做到且最擅长的事得到的多。

有一位年轻人的父母希望自己的儿子长大后能成为一位体面的医生，这位年轻人自己也对医生这个职业很感兴趣。可是他读到高中便被计算机迷住了，心思都放在了电脑上。他的父母耐心地规劝他，希望他能用功念书，以后好风光地立足社会。可是，他却说："有朝一日我会成为医生的。"

不久，他果然不负众望，考入了一所医科大学。他虽然对做医生也很感兴趣，但无论如何努力，医学成绩总是平平，丝毫也不能引起老师的注意。反而在电脑方面，他越做越顺手。

在第一学期，他从零售商处买来了降价处理的个人电脑，在宿舍里改装升级后卖给同学。他组装的电脑性能优良，而且价格便宜。不久，他的电脑不但在学校里走俏，而且连附近的法律事务所和许多小企业也纷纷来购买。

后来，经过认真考虑，第一个学期快要结束的时候，他把退学的计划提了出来。父母坚决不同意，只允许他利用假期推销，并且承诺，如果一个夏季的销售不好，那么，必须放弃。可是，他的电脑生意就在这个夏季突飞猛进，仅用了一个月的时间，他就完成了19万元的销售额。他的父母只得同意他退学。

在这以后，他组建了自己的公司，并且公司很快就发展了起来。那年他才24岁。

他的成功至少可以告诉我们一点：选择你真正能做得好的职业，更容易赢得辉煌的成就。

苏联著名的心理学家索尔格纳夫认为，在发挥自己的最佳才能时，不要把"想做的"和"能做的"以及"能做得最好的"混淆在一起，而这却常是我们最容易犯的错误。

成功者心中都有一把丈量自己的尺子，知道自己该干什么，不该干什么。比尔·盖茨曾经说过这样一句话："做自己最擅长的事。"微软公司创立时，只有比尔·盖茨和保罗·艾伦两个人，他们最大的长处是编程技术和法律经验。他俩以此成功地奠定了自己在这个产业上的坚实基础。在以后的20多年里，他们一直不改初衷，"顽固"地在软件领域耕耘，任凭信息产业和经济环境风云变幻，从来没有考虑涉足其他经营。所以他们有了今天这样的成就。

索尔格纳夫说："每一个人不要做他想做的，或者应该做的，而要做他可能做得最好的。拿不到元帅杖，就拿枪；没有枪，就拿铁铲。如果拿铁铲拿出的名堂比拿元帅杖要强千百倍，那么，拿铁铲又何妨？"能做得最好的就是最擅长的，不选择自己最擅长的工作是愚蠢的，就相当于拿自己的短处和别人竞争，结果必然是失败。每个人都有长处和不足，如果能够看清自己的长处，对其进行重点经营，则必定会给你的人生增值；相反，如果你分不清自己的长处和不足，或者误将不足当成长处去经营，则必定会使你的人生贬值。

转换视角，有更多的路可以走

我们常会遇到难以解决的问题，有的人会选择放弃，有的人会选择不达目的誓不罢休，而有的人会改变思路，寻找解决问题的新角度，毫无疑问，最后一种人是最有可能解决问题，并有很大的收获的人。

年轻人在遇到难以解决的问题时，与其死盯住不放，不如把问题转换一下，化难为易，达到解决问题的目的。聪明人可以把复杂问题简单化，不聪明的人可以把简单的问题复杂化。事实上，解决复杂问题时能够化繁为简，就体现了一种新的视角。

　　有一个农民，当地人都说他是个聪明人。因为他爱动脑筋，所以常花费比别人更少的力气，获得更大的收益。秋天收获土豆后，为了卖个好价钱，大家都先把土豆按个头分成大、中、小三类，每家都起早贪黑地干，希望快点把土豆运到城里赶早上市。而这个农民却与众不同，他根本不做分捡土豆的工作，而是直接把土豆装进麻袋里运走。他在向城里运土豆时，没有走一般人都经过的平坦公路，而是载着装土豆的麻袋，开车跑一条颠簸不平的山路。这样一路下来，因为车子的不断颠簸，小的土豆就落到麻袋的底部，而大的就留在了上面，卖的时候大小就能够分开了。这样，他的土豆总是最早上市，因此，他每次赚的钱自然比别人家的多。

　　在现实生活中，当我们想要解决问题时，时常会遇到"瓶颈"，那是由于我们只在同一角度停留造成的，如果能换一种视角，情况就会改观，创意就会变得有弹性。

　　但如果我们动动脑筋，变换一下思路，不去向强敌直接挑战，不去触动和攻击障碍本身，而是采取避实击虚，避重击轻的迂回方式，先去解决与它发生密切关系的其他因素，最后使它不堪一击或不攻自破，比起"硬碰硬"的真打实敲，会更加有效。

第三章

做人要真实，但不能没有城府

真实不等于做一张白纸，善良不等于软弱可欺。做人需要一点城府，不可被人一眼看穿。该软的时候软，该硬的时候硬，该妥协的时候妥协，该拒绝的时候就要拒绝。

如果需要就敢说"不"字

拒绝是思想的超越，它使生活变得简洁；拒绝是理性的警觉，它使世界更加和谐。

拒绝，是人们在处世交往中经常会碰到的话题。对一般朋友而言，如果对方的要求不合自己的心意便不假思索地加以拒绝，是很容易做到的。但是当好朋友向你提出过分的要求而你又无法满足对方时，你就会感到左右为难，处在一个尴尬的境地，此时，你可根据不同情况，采取以下"拒绝"方法。

对好朋友提出的请求、条件、愿望你无法满足时，你千万不能闪烁其词、拐弯抹角，而是要给予对方一个直截了当、简洁干脆的拒绝，来表明你的态度，同时向他解释清楚你所处的境地和办成这件事所遇到的无法克服的难度，不要使对方心存幻想。

有这样一对从小一起长大的"铁杆"哥们小王和小刘。小王大学毕业后在区人事局供职，小刘则被分配到一家企业工作。一天，小刘携带礼品来到小王家，开门见山地说："老朋友，我想跳槽换个工作。现在我们工厂生产的产品没销路，效益差，收入低。请你无论如何帮这个忙。"他俩是患难知己，帮忙也在情理之中，但小王只是一般干部，实在是力不从心，于是便对小刘如实说道："我虽在人事局工作，但人微言轻。加之现在的人事决定权都下放到企业，你这个忙恐怕很难帮得上。你还是想想其他办法吧。"

在这里，小王知道自己"立升"有限，便直截、爽快地向小刘说明。但"拒绝"的理由一定要充分、可信，不要让对方产生"关键时刻不帮忙"的想法。要是你不自量力，口头允诺下来，但最终无法办到，反而会给对方产生"帮忙不卖力"的误解而使好朋友之间产生隔阂。

对于好朋友提出的要求，自己能够办得到，但由于各种原因而不想满足对方。这时你如果直截了当地加以拒绝，会显得太露骨和不近人情，容易伤了彼此的友情。此时你不妨用委婉含蓄的方法不动声色地、体面地向朋友表示拒绝。

小殷对摄像机朝思暮想了很长时间。一天，他心一横，花费了多年积蓄，从商店里乐滋滋地捧回一架崭新的进口摄像机。打那以后，他一有空便围着它转，爱不释手。时隔不久，小殷中学的要好同学跑来，说下星期他外出旅游想借用小殷的摄像机。说实在的，带这么个高级玩意儿去旅游，小殷真担心给弄坏了。但怕伤了多年的友谊且又难以启齿，于是小殷便不置可否地对同学说："到时候再说吧。有空一定借给你。"

对这类勉为其难的要求，小殷既不说借，也不说不借。这实际上为自己的最终拒绝留下了很大的回旋余地。如此既保全了双方的面子，不至于出现尴尬的僵局，又回绝了对方的要求。小殷的同学如果是个明白人，一定会心领神会，知"难"而退。

对好朋友提出与你合作办事的要求、建议，你不妨调侃一下，开个玩笑，转移目标，将对方的要求、建议拒之于千里之外。

小蔡和小楼是一对好朋友。小蔡很早就下海经商，经过几年拼搏苦斗，如今已跻身"大亨"之列了。他屡次三番劝小楼辞职，和他一起投资经商，口称保证小楼发财。小楼是求稳怕风险的人，爱舞文弄墨，不谙经商门道，但对小蔡的好意又不宣生硬地拒绝，便调侃说："人家都说我没有财运，发不了财。要是我和你合伙做生意，不但我会输得精光，到时还会连累你，把你从风度翩翩的大款下降为身无分文的平民……"一个玩笑，小楼便将自己的态度表露得明白无误。小蔡闻之，也只能作罢。

他们虽然是一对亲密无间的好朋友，但人各有志，不能勉强。对好朋友的善意建议，拒绝更要讲究艺术性，用调侃玩笑来拒绝对方仍不失为行之有效的方法之一。

好朋友的交情不是一朝一夕所能建立的，它需要双方长期的理解、宽容、互助来共同维系，我们要珍惜它、爱护它。当对方的要求不合自己的愿望时，拒绝一定要得体，不能鲁莽、轻率，将多年的友谊毁于一旦。

做人不要太软弱

"人善被人欺，马善被人骑"。过于软弱的人常会成为别人拿捏和欺负的对象，所以在必要时必须给对方以痛击，让别人知道你并不是好欺负的。

吃柿子捡软的捏，生活中一些蛮横霸道的恶人之所以能得意一时，就因为社会上软弱的人太多。他们作威作福、发火撒气往往找那些软弱善良者，因为他们清楚，这样做并不会招致什么值得忧虑的后果。在我们身边的环境里到处都有这样的受气者，他们看起来软弱可欺，最终也必然为人所欺。一个人的软弱事实上助长和纵容了别人侵犯你的欲望。

人是应该有一点锋芒的，虽然不必像刺猬那样全副武装，浑身带刺，至少也要让那些蛮横霸道的恶人感到无从下手，得不偿失。

在社会中生存，事实上，只要你显示出你是一个不受欺侮的人，你就能够做到不受气。也许你不必处处睚眦必报，只要你能抓住一两件事，大做文章，让冒犯者品尝到你的厉害，你就立刻能收到一种"杀鸡儆猴"的效果，起到某种普遍性的威胁作用。这就好像是原子弹的发明，除了在"二战"中小试牛刀外，没有在战后的任何一次战争中使用过，但它的威胁却是有目共睹的，只要你拥有了原子弹，你即便不去使用它，也会对别人产生震慑作用。

哪些形象最不易受欺侮呢？这里不妨略举一二：

其一，泼辣的形象。所谓的泼辣，便是敢说别人不好意思说出口的话，敢为别人不好意思表现的举动。谁敢让他受气，谁当面就会下不来台。他敢哭敢闹、敢拼敢骂，口才好，又敢揭老底儿。所以，很少有人敢引火烧身，自讨没趣。

其二，实力派形象。塑造实力派形象就是要你在平时就要注意展示你雄厚的力量。比如，令人可慕的专业本领、广泛的人际关系网等，这些都会在周围的人群中造成一种印象，即你是一个能量巨大的人，不发威则已，一旦发威则后果难料。所以，人们一般不敢招惹这类人物，持有这种形象的人也很少受气。

总而言之，树立一个不好惹、不受气的形象是很重要的，有了这一形象，就好比是种下了一棵大树。从此，你便可以在树阴下纳凉了。

奋起反抗，不纵容恃强凌弱者。

如果面对恃强凌弱者，放弃反抗，逆来顺受，只会使对方得寸进尺。只有勇于反抗，敢于斗争，才能使自己成为强者。

人类社会跟动物界相似，时有"弱肉强食"的现象发生。一类人总爱处处占别人的便宜，凌驾于弱者之上；而另一类人就是所谓的"受气包"，很自然地成了前者嘴里的肉。

须知，世界上没有天生的"受气包"。那些经常成为众人发泄对象的人之所以在不受气的道路上迈不开步子，往往是因为他们首先用自己的左脚踩住了右脚。他们从未做过一件自己想做但又不敢做的事，他们在第一次受气时就放弃了反抗的企图，这一行为的反复便会形成一种心理定式和社会交往模式，即你觉得自己可以忍受这种逆来顺受的生活了，而别人则认为你就应该逆来顺受。因此，你受过的气越多，你就越可能受更多的气。

如何突破这种恶性循环呢？那就是要勇敢打破第一次，真正地进行一次反抗，让施气者认识到你并不是天生就该受别人气的人。

许多人选择了忍气吞声的生存方式，往往是由于他们患得患失，怕这怕那，自己在主观上吓倒了自己。而无数的事实证明，挺身而出，捍卫自己的正当权益其实是再自然不过的事了，跨过这道门槛，你会发现，没有什么大不了的，卸掉了精神包袱，你反而会活得更加自在。

不敢进行第一次反抗，就不会有第二次反抗的发生。因为你永远不知道新世界的滋味有多么好。而有了第一次的反抗，尝到了其中的美妙，你自然就有动力去进行更多次的反抗。久而久之，你就会修正你的心理模式和社会交往方式，由一个甘心受气、只能受气的人，变成了一个不愿受气也不会受气的人。有这样一则故事，对我们就很有启发意义：

某大学的一个班集体里，有一位学生比较胆小怕事，遇事过分忍让，因此，虽然班里的绝大多数同学对他并无恶意，但在不知不觉中总是把他当做是一个理所当然的应该牺牲个人利益的人，看电影时他的票被别人拿走，春游时他被分配给看包儿的任务……但在实际上，他心理非常渴望与别人一样，得到属于自己的那份利益和欢乐。

由于他的软弱和极度的忍耐，这种事情一直持续了很久。但终于有一天，他忍无可忍了，一向木讷的他来了个总爆发，原来一场十分精彩的演出又没有他的票。他脸色铁青，雷霆万钧，激动的声音使所有人都惊呆了。虽然那场演出的票很少，但是这位同学还是在众目睽睽之下拿走了两张票，摔门而去，大家在惊讶之余似乎也领悟到了什么。但不管怎么说，在后来的日子里，大家对他的态度似乎好多了，再没有人敢未经他的同意便轻易地拿走他的什么东西了。换句话说，由于他突破了第一次，他已经由受气者变成了一个不再受气的人。

隐忍用心，该出手时坚决出手。

人们处于劣势时会有求胜的谋略，然而没有隐忍的功夫就会过早泄露天机，不能在充分准备之后狠狠打击对方。用心忍，下手狠，可达一招制胜之功。

汉初三杰，张良为冠。汉高祖刘邦曾说："夫运筹帷幄之中，决胜千里之外，吾不如子房（张良字）。"

单从"运筹帷幄，决胜千里"这些字面意义去理解，会误以为张良对刘邦得天下的贡献，主要在于军事——不过一个高明的军师而已。其实不是这样，张良的谋略，是助刘邦取天下的，他是帝王之师，是开国之师。

苏轼在《留侯论》一文中说道：

"观夫高祖之所以胜，而项籍（羽）之所以败者，在能忍与不能忍之间而已矣。项籍唯不能忍，是以百战百胜而轻用其锋，高祖忍之，养其全锋而待其毙，此子房教之也。"

张良个人隐忍的本事可以从他和圯上老父三次相会的故事中看

出来。第一次巧遇老父，那老人要他去捡踢掉到桥下的鞋子，张良原本惊愕想教训老人，却又忍住，看他是个老人家，拾起鞋子，甚至隐忍到跪一腿替老人穿上。老人去而复返，高兴"孺子可教"，约张良五日后相见，又以张良迟到为由改期再试，终于授予他太公兵法。

这个因为忍之功夫得到的奇遇，使张良终身不忘忍字诀，以教人律己。不过，张良的忍不是消极的，他的隐忍，是等待时机一击搏杀。刘邦曾与项羽相约分兵入关，刘邦本来要用全力攻取峣关，张良劝道："秦兵尚强，未可轻。"让刘邦暂时忍耐，不要硬拼。直到以重金买通秦将叛变，再趁士卒军心不稳，一举进兵夺关。张良在这场战役中，开始的目的，是保存实力，等到时机到来，一举乘势取胜。

张良的这种"忍"是和"狠"相结合，开始要硬得下心去"忍"，接下来要狠得下心去抓住战机。古往今来，在政坛、生意场，哪有人不明白"忍"功的重要？但是说得容易，做到的很少，在紧要关头，偏偏忍不住，小不忍则乱大谋。能忍得住，也能狠得下，那自然能稳操胜券了。张良对于把握时机，因势利导的功夫，也颇有心得。关键在于，张良忍到一定时机，能狠；另外的本事则在于一个"静"字。张良的静，正好符合老子的"致虚极，守静笃"。张良少私心、无谋私利之欲，所以不急功近利，宠辱不惊，能对大事冷静合理地观察判断，看得远，想得深；好比下棋，比对手多看到很多步以后的走势变化，哪有不赢的道理。因为无私欲，才敢于直言冒犯首脑当前的喜怒，说服刘邦压制取胜的冲动，等待最佳机会。

单凭"忍"字，张良的运筹未必能达成目标，必须加上"静"字，张良才会受刘邦重用、听信，才能将帝王之道充分学以致用。或许过分强调忍与狠的功夫，不免让人觉得张良是个城府深、心机阴险狠毒的人。这一点可用老子学说解释，老子云："弱者，道之用。"老子主张以弱守寡，是循机导势的重要前提，是从自然与人生的行进道理中总结出来的。这种功夫，不仅是"术"的层次。弱者，道之用。能融会贯通这至深道理的人，必须涵养功夫达到"道"的境界，张良就是达到这种境界的高人。

所以刘邦信服张良，主要在于张良至诚无私。以至诚、无私之心做事待人，虽"忍"不阴；虽"狠"不毒。运用奇谋，因机乘势。只让人感叹智计之巧妙，不致使人们有阴险狡诈的感觉，这里面的学问，幻化无穷，但是基本精神一脉相承。政坛、商场、对上、对下，全是一样的道理。

关键时刻敢于站在前排

成功不是等来的，而是靠自己创造的。人们常说，机遇偏爱有准备的头脑。在生活中，我们要时刻让自己站在前排，主动一点，机会来了要抓住，这样成功的概率会大得多。

战国末年，秦国急攻赵国，赵王情急之中，请平原君去楚国，说服楚国合纵抗秦。平原君准备挑选门客中有勇有谋、文武双全的20人陪同前往。

他有3000多门客，要挑选20个本来应该不算困难。可是这些人，文是文的，武是武的，要文武全才真不易找。平原君挑来选去，挑了19个人。他叹道："我费了几十年的功夫，养了3000多人，如今连20个人都挑不出来，真是太令人失望了。"那些平日就知道吃饭的门客，听了非常羞愧。

这时有个坐在末位的门客站起来，向平原君自荐说："我听说你将要到楚国去订合纵之约，打算在门客中挑选20人陪同前往。现在还少一人，不知道我毛遂能不能充个数？"平原君问："先生到我门下有几年了？"毛遂说："3年了。"平原君说："贤能的人生活在世上，好比锥子装在口袋里，它的尖端马上就会显露出来。先生来到我门下3年，左右的人没有称颂你的，我也从未听到过称颂你的话，这说明先生你并没有什么长处。先生既然没有才能，还是留下来吧。"毛遂说："请你将我装在口袋里。如果我毛遂早点被装在口袋里，那么锥柄都会露出来，而不仅是它的尖端露出来而已。"平原君最终同意毛遂同行了。

后面的事情大家也都知道，说服楚王的还是毛遂，其他19人只是陪衬罢了。

平原君订立了合纵盟约，返回到赵国，说："我不敢再品评士人了。我品评的士人多说有上千，少说也有几百，自以为没有埋没天下的贤能之人，这次却将毛先生漏掉了。毛先生一到楚国，便使得赵国的地位比九鼎大钟还重要。毛先生的三寸之舌，强于百万之众的军队。我再也不敢品评士人了。"于是待毛遂为上宾。

如果毛遂不向平原君自荐，也许一生只能做一个默默无闻的门客，一身的才学都将毫无用武之地。正是他的大胆争取，为自己创造出了机会，才得以辅佐平原君出使其他国家，做出了名留青史的事业。

　　南宋时的虞允文本来是一个文官，是个从没带过兵打过仗的书生。但他临危受命，义不容辞，居然指挥宋军挫败强大的金军，取得采石大捷。

　　公元 1161 年，海陵王调集了 40 万兵马，分为 4 路，大举南侵，妄图一举消灭南宋。10 月，海陵王已率领大军进抵长江北岸的和州（今安徽和县）。这时，宋将王权已经被罢官，新将领还没有到任，叶义问也逃到了建康（今江苏南京）。没有统帅的将士们零零散散地坐在路旁，士气十分低沉。

　　中书舍人虞允文正好到采石犒军，看到将士们垂头丧气，马鞍、盔甲扔在一边，着急地问："现在大敌当前，你们坐在这儿等什么？"

　　将士们抬头一看，见他斯斯文文，是个文官，就爱理不理地说："将官们都溜之大吉，不知去向，我们还打什么仗？"

　　虞允文虽是个文官，但骨头还是很硬的，属朝中坚定的抗战派。他召集众人说："我是奉朝廷之命到这里来慰劳大家的。你们只要为国杀敌，我一定上报朝廷，论功行赏。我虽然是一介书生，也要拿着马鞭跟随在你们的身后，看诸位杀敌立功！"

　　将士们见他慷慨激昂，顿时振作起来，他们纷纷表态说："我们也吃够了金兵的苦，谁愿意当亡国奴呢？现在有您出来做主，我们一定拼命杀敌，为国立功！"

　　这时候，虞允文手下的幕僚却在一旁向他使眼色，悄悄地对他说："别人把局势弄得一团糟，你何苦做替罪羊，来指挥这场战争呢？"虞允文听了，气愤地说："不要说了！国家已经危急到了这种地步，我怎能坐视不管呢？"

虞允文立即视察了江边的形势，对防务作了周密的部署。他下令步兵、骑兵都整好队伍，排开阵势；又把兵船分为五队，两队停泊在东西两侧岸边，另外两队隐蔽在港汊里作后备，最精锐的一支驻在长江中流，内设奇兵，准备冲撞敌舰。

这边刚部署完毕，北岸的金兵就擂响战鼓，呐喊着冲了过来。转眼间，70多艘战船已经冲到了南岸。宋兵避开金兵凌厉的势头，稍稍后退了一些。虞允文见此情形，便亲切地拍着统制将领时俊的后背，和颜悦色地对他说："久闻将军胆识过人，远近闻名。今天怎么像小儿女一样站在船后，这样只怕你一世的威名都要扫地了。"

时俊受到主将的激励，热血沸腾，立即跳上船头，手拿双刀，与敌人拼命厮杀起来。士兵们一看主帅和将领都如此英勇，也争先恐后地上前与金兵搏斗。

最终，这场采石矶大战以宋军的全面胜利而告终。海陵王也在退兵途中被杀。

虞允文虽然是一介书生却立了赫赫战功，正是因为危难时刻，他勇担重任，才会激发自己如此大的潜能啊。所以说，做人不要消极等待机会，要让自己站在前排，时刻处于起跑的状态。

有实力就大胆地表现出来

勇猛的老鹰，通常都把它尖利的爪牙露在外面；精明的生意人，首先用漂亮的包装吸引顾客注意，以便待价而沽。威廉·温特尔说："自我表现是人类天性中最主要的因素。"人类喜欢表现自己就像孔雀喜欢炫耀自己美丽的羽毛一样正常。

然而，传统的道德观念让人们过于注重谦虚的品质，信奉"酒香不怕巷子深"，把"含而不露"看作一种美德，自己的优点、成绩和才能，自己从来不说，却非要由别人来发现，相信是金子总有发光的那一天；无论有多么渊博的知识，多么惊人的才华，也只能说自己"才疏学浅"。总而言之一句话，不敢炒作自己，就要被动等待伯乐来发现。

但是，"千里马常有，而伯乐不常有"，如果一辈子遇不到一个伯乐，不是一辈子没有出人头地的机会吗？所以，在这个人人争夺生存空间的社会，你不要指望别人来给你机会，要主动站到台前亮相，把自己炒红，炒火，然后你才有成功的机会。

很多人虽然腹有诗书，胸藏智计，但是由于受传统思想的束缚，很好的才干被埋没了，等到年迈的时候才发现，此时已经为时过晚了。汉代将军李广很有才干，可他淡泊名利，对应当自己获得的利益没有去全力争取，没有利用合适的时机陈述自己的功劳，一直没有得到朝廷的封赏。因此给后人留下"冯唐易老，李广难封"的抱憾。

韩信初时在刘邦手下做小官。他总希望上面有人发现自己的才干，却没考虑如何表现自己，结果一直怀才不遇、沉沦下僚。他郁郁不乐，满腹惆怅，工作也没有干出什么成绩，更谈不上名气。

一次，对前途灰心丧气的韩信伙同一些人当逃兵，被抓住后，依律当斩。临刑之时，排在韩信前面的13人，都一个接一个地被砍了头。眼看就要轮到韩信了。这时他觉得再不好好表现一下自己，小命可就不保了！于是他高扬起头来，圆睁二目，面对监斩官夏侯婴大声呼喊："汉王不是想争夺天下吗？为什么还要白白地杀掉英雄豪杰之士！"

这句话点中了刘邦的全部政治企图，可谓一语惊人。夏侯婴既感惊讶，又觉得奇怪，不免仔细地打量韩信一番，他发现此人相貌奇伟，仪表堂堂，像个英雄人物，于是将他释放。在交谈中，夏侯婴发现韩信非同一般，确实志大才高，便把他推荐给了刘邦。从此韩信成为刘邦的得力助手，并成为"汉初三杰"之一。

假如没有临死前的那一句呼喊，也许韩信早已成为刀下之鬼了，历史又会增加一份遗憾；再假设如果韩信在平常的工作中能够积极地表现自己，充分展现自己的才能，也许早就被重用，也就不会有险些被杀头的事情发生了。

古时候有这样一个故事：一个乡绅有两个女儿长得很美，凡是到他家的客人都对他的女儿赞不绝口，而他却总是"谦虚"地说："哪里哪里，她们都是丑八怪。"时间久了，他的话被传了出来，于是一直到女儿老了也没有媒人登他家的门。

现在还有一些人虽不如乡绅这样"谦虚"，但也总不敢在人前说出自己的优点，总是"谦虚"地说自己这也不行那也不行，最终的结果也将同乡绅的女儿一样，只能是人老珠黄后默默地死去。谦虚是我们民族的美德，我们不能丢弃，但也不该曲解"谦虚"这两个字，否认自己的才能，把自己贬得一文不值。这不叫谦虚，这是愚昧。

古代的有识之士常把自己比作千里马，当碌碌无为一生后，却埋怨世上的伯乐太少没能发现自己，无奈只得"祗辱于奴隶人之手，骈死于槽枥之间"。我们不禁要问，既然你认为自己是千里马，那么为什么不主动去找伯乐推销自己呢？

每一个人，无论是才识平庸，还是才华横溢，他们都是人间的一分子，都有一种渴望别人了解自己、承认自己、尊重自己的愿望，以自己独特的个性、气质、优势让人了解，让人关注。然而，几千年的中国文化却教导人们做"谦谦君子"，虽然也有毛遂自荐的故事发生，但"毛遂自荐"，听起来总不如"三顾茅庐"那样入耳，使得有才华的人不敢表现自己，只得默默地等待伯乐的到来，期盼着早日得到赏识，这不能不说是一种民族文化的悲哀。

诸葛亮是千里马，但他很幸运，碰到了刘备能够三顾茅庐，才使得他能够运筹帷幄，鞠躬尽瘁。如果三顾茅庐的不是刘备而是张飞，那么历史可能会是另一个样子。

更何况，诸葛亮得到受重用的机会，也不是等来的，而是运用了很高明的炒作手段。他没有去找刘备"毛遂自荐"，而是让自己的老师、岳父、同学等帮忙介绍。这就免了"王婆卖瓜，自卖自夸"的嫌疑。他还故意装腔作势，要等人家"三顾"之后才肯出山。因为他知道，太容易得到的往往就不珍惜。所以他要让刘备多费一些周折，以显示自己与众不同的价值。可以说，他把自我推销、自我炒作发挥到了极高的水准。

有些人总是说什么"真人不露相，露相非真人"，试问：从不露相，"真人"又有何用？

如今是快节奏、高效率的时代，需要的是干脆利落、敢断敢行；时间那么宝贵，人们忍受不了那种吞吞吐吐、羞羞答答的"谦逊"，不要听那种婆婆妈妈、"弯弯绕"式的"自谦之辞"。你行，就来干；不行，就让开。故作姿态的"谦虚"，是最招人烦的。

　　在现实社会中，精明的企业家招聘员工、聪明的领导者挑选下属，并不是首先看你怎样言辞周到、谦恭有礼；而是首先看你有多少真才实学，你有什么长处，有哪些才能，想做什么，能做什么。

　　在现今的社会中，一个人仅拥有才华是不够的，他必须通过各种手段使自己的才华为人所知，得到社会的承认：如果一个人不能在自己的黄金时代，抓住机会，大胆地、主动地贡献出自己的聪明才智，而总是"藏而不露"，那就会贻误时机；等到有一天别人终于发现你时，也许早已错过了时机，你的知识和特长已经成为过时的东西了。

　　玛吉是一位很有天赋的话剧演员，刚出道时，一直在歌剧院扮演小角色，行家们为了发掘这位天才，决定让她在一部新歌剧中试演女主角。玛吉担心将戏演砸了，她希望在自己的艺术更成熟时再承担重任。她说："我不愿担任主角，因为那样的话，我将成为整个演出的关键，观众会注意到每一个音符。"

　　结果，玛吉在这场歌剧中仍然扮演小角色。这次演出非常成功，引起了轰动，但鲜花和掌声跟玛吉没有多大的关系。

　　几年过去了，玛吉的歌艺终于成熟，但是，一批年轻的新星成为舞台的亮点，玛吉再也没有演主角的机会了。

玛吉的故事告诉我们，不能等到万事俱备再去展示自己，该出手时就出手。

　　在知识不断更新的今天，不管你怎样"学富五车"，也只能在一定时间内保持优势。能不能在你的知识没有过时之前获得施展的舞台，将成为决定你成败的关键。

　　现代社会是人才济济的社会，可供社会选择的人才很多。你既然扭扭捏捏，羞羞答答，表示自己这也不行，那也不行。那么，有谁还愿意放着显而易见的能人不用，而来花时间考察了解你呢；而且既然存在着竞争，对于机会，别人就不会同你谦让，而会同你竞争。一旦你失去被选择的机会，别人就会捷足先登，而你只好自叹弗如了。

　　老实人总是以为，每一位员工的工作都在老板的视野里，只要努力，就一定能得到应有的奖赏。不幸的是，老板最容易患"近视"，虽然你拼了老命，他却视而不见。在信息社会，光会做事已经远远不够，得让老板知道你做了什么。否则，纵使你累得半死，也很难获得加薪、升迁的机会。

　　作家黄明坚有一个形象的比喻："做完蛋糕要记得裱花。有很多做好的蛋糕，因为看起来不够漂亮，所以卖不出去。但是在上面涂满奶油，裱上美丽的花朵，人们自然就会喜欢来买。"

　　工作中不要一味地埋头苦干，也要及时沟通。每当做完自认为圆满的工作，要记得向老板报告，与同事分享成功的喜悦，别怕人看见你的光亮，抓住机会展现自己的光彩。

　　小孙在新公司工作约两个月了，工作一直没有什么进展。早晨公司的副总找她刚谈完话，当她回到自己的办公室时，收到了一份传真，传真上说，她花了两个星期争取的一笔业务成交了。她叹了口气，说要是传真早5分钟来就好了，她对副总就有的说了。这时她的同事建议她赶紧去副总办公室报喜。起初她并不愿意，说写个便条就可以了，可是同事说趁热打铁，更能显示你的功劳，不过要假装不经意地提起这个巧合，你最好说："我们刚谈完，我就成交了这笔生意！"

她按照同事的说法做了，结果副总非常高兴，建议她告诉公司的公关部门，好让公司同仁知道这笔进账。

其实，一旦有机会，每个人都可以用一种间接、自然的方式表彰自己的功劳。若是不习惯自我表现，也可请别人从客观的角度助你一臂之力。这样你会发觉，不露痕迹地让人注意到你的才干及成就，比敲锣打鼓地自夸效果更好。

霍伊拉说："如果你具有优异的才能，而没有把它表现在外，这就如同把货物藏于仓库的商人，顾客不知道你的货色，如何叫他掏腰包？"

小赵是一名打字员，初就新职时，由于技术不够纯熟，经常出错，常受到上司的批评。但他很想将工作做好，就利用休息时间练习打字。经过一段时间的练习，他的打字水平提高得很快，客户很满意，订单也多了不少。这时小赵采取了很积极的方法，他没有静静地等待上司来发现，而是自己制作了一个工作单，上面有每天的打字量、出错率、客户满意度。

然后，他把这份工作单呈给了上司，并解释说："我以前打字出错率很高，幸亏您的批评，我才有了进步。想来，我该多谢你！"

上司看了小赵的工作单后，也是很高兴，还让公司的其他员工向小赵学习，每个人都要填写工作单，以便能够发现自己的进步。

一般的情况，上司更容易发现员工工作中的不足，而对员工的成绩，多半是视而不见，这已经成为了一些上司的习惯。为了不让上司埋没自己，就要像小赵那样做，帮助上司发现自己的成绩，而且要有事实作为依据。

许多人总是掌握不好表现自己的度，把一腔热忱演绎得像是刻意做作。热忱绝不等于刻意表现。在需要关心的时候关心他人，在应当拼搏时洒上一把汗，真诚自然，谁都会赞许。

但是，刻意的自我表现就会使热忱变得虚伪，自然变得做作，最终的效果还不如不表现。

善于自我表现的人常常既"表现"了自己，又不露声色。他们与同事进行交谈时多用"我们"而很少用"我"，因为后者给人以距离感，而前者则使人觉得较亲切。要知道"我们"代表着"也有你一份"，往往使人产生一种"参与感"，还会在不知不觉中把意见相异的人划为同一立场，并按照自己的意图影响他人。

真正的展示教养与才华的自我表现绝对无可厚非，只有刻意地自我表现才是最愚蠢的。

第四章

善于察言观色，说话要准确到位

自从人类创造了语言，语言便成为改变一个人的生活甚至改变一个国家命运的机器，如果你在语言上伤害了别人，那么这把利剑便会刺向你，为你在人生的旅途中平添几多障碍和困扰。我们一定要在摸清他人心理基础上操练自己的舌头，让自己的话说得委婉、中听。

说话时，给别人留点空间

许多年轻人在和别人交谈时，总是口若悬河，滔滔不绝，不容别人讲话，这实质上是在强迫别人听你说话，效果是非常糟糕的。其实交流是相互的，你口才再好，也要给别人留下说话的余地。

每个人都有表达自己的思想、观点、意见、想法的欲望，如果能表达出来，便能满足自己的表现欲。所以，即使你有丰富的知识、良好的口才，也应该给别人留下表现自己的空间。这既是做人的一种修养，也是对别人的一种尊重。如果认为自己比别人知道得多，比别人口才好，就不给他们表达的机会，使他们的表达欲望受挫，对他们的感情是一种挫伤，对他们的自信是一种打击，他们的自尊会因为你的侃侃而谈而受到伤害。这时候，无论你的话多么正确，你的见解多么高明，思想多么深刻，语言多么动人，语调多么铿锵，大家都会因为逆反心理而拒绝你，甚至厌恶你。

　　给别人留下发表意见的空间，是有效交谈必须坚持的一个准则。上帝给人两只耳朵，一张嘴巴，也许就是在告诉我们：要少说多听。少说，言简意赅、画龙点睛，给人以启发，让人感动；多听，给别人说话的机会、表达的空间，这样能形成互动，营造良好的交谈氛围，同时能拉近和交谈者的心理距离，形成亲和力。

　　某企业经理道尼斯来到一家企业总部，要面见该企业总裁约书亚先生。因为他得知，约书亚先生要捐巨款建造音乐厅、纪念馆和剧院。

　　秘书领着道尼斯进入了约书亚的办公室，约书亚正忙着翻看桌子上的一大堆文件。道尼斯环视办公室，走到墙边，用手指在木板上敲，说："我想这是英国橡木，是不是？意大利橡木的质地不是这样的。""是的，"约书亚总裁高兴地说，"那是从英国进口的橡木，是我的一位专门研究室内细木的朋友专程去英国为我订的货。"约书亚总裁情绪极好，竟然把办公室内的所有装饰一件一件向道尼斯介绍，从谈木制到介绍他设计的过程。

　　道尼斯不但听得聚精会神，而且发自内心地表示敬意。本来秘书警告过道尼斯，谈话不要超过5分钟，结果道尼斯与约书亚谈了1个多小时。结果是道尼斯不仅得到了这笔工程的订单，而且和约书亚先生交下了终身的友谊。

道尼斯成功的诀窍很简单，通过谈话交朋友，千方百计激发对方谈话的兴趣，从而建立真正的朋友关系，当然生意也就好做了。

所以，我们应该学会去倾听别人说话，更不要去拦别人的话头，使对方表达不出自己的观点，以致让人产生反感。在谈话过程中，我们要养成良好的听话习惯。听别人讲话要注意礼貌，要专心致志地听，眼光要和讲话者交流，适当用表情姿态去呼应对方的讲话。眼光不要飘忽不定，不要做其他事情和显出不耐烦的样子。

在谈话的过程中，即使出现了争论，也不要急于反击。这个时候你可做一个深呼吸，平静一下情绪，让对方把情绪发泄出来。这样做了以后，你的情绪也会好很多。哪怕说些中立的观点也比马上堵住他的话要好得多，因为如果马上堵住对方的话，很容易让对方情绪爆发，这样事态就严重了。

事实上，我们认真倾听对方的谈话，而不抢占别人说话的时间，这在无形中也起到了褒奖对方的作用。仔细地倾听对方的谈话，是尊重对方的前提，能够耐心地听说话者诉说，就是在暗示对方，我对你说的内容很感兴趣，或者我对你的遭遇深表同情，等等。这样一来，说话者的自尊就得到了极大的满足，进而对你的好感就会产生，而你们之间的距离就会在你的倾听之中慢慢拉近。说话人觉得找到了理解自己的知己，情绪得到了缓解，而你因此获得了友谊。这不能不说正是倾听的魅力。

所以，在我们和别人谈话的时候，要做一个"听话"的高手，而不要去做"说话的高手"。事实上，只有会"听话"的人，才有可能成为谈话高手。

真话未必好，"假话"未必糟

年轻人从小受的教育是"说老实话、办老实事、做老实人"，把撒谎和狡猾看成是坏的品质，要时时处处讲实话、讲真话。但生活告诉我们：真话是不可都说的，假话也并非都是不道德的。

一位大学教授讲了这样一个故事。他的一位学生本科毕业后，经他介绍到了一家大型企业上班，半年后，那家企业的老总打电话告诉这位教授说："你的那位学生业务还可以，就是不会说话。"

原来，有一次，那位学生请假回老家探亲，回来时带回来一些新鲜的木瓜，分给大家吃。同事们感到这些木瓜很新鲜、很好吃，都对他说了一些感谢的话。这时，那位学生却很认真地对大家说："不用客气，这种东西在我们老家很多，都是用来喂猪的。"同事们听了都很不舒服，也改变了对他的看法。

这位大学生说的"木瓜喂猪"的确是一句真话，可是大家都在津津有味地吃着木瓜，他却说木瓜喂猪之事，显然有失大雅。说真话的场合和时机都没有把握好。

谎言，总被认作是欺骗与虚伪的同义词；撒谎者则常为人所不齿，失去人的信任和尊重。然而，生活中也需要谎言，因为善意的谎言也很美。

一个身患重病的人忧伤地躺在床上，愁眉不展，茶饭不思。这时友人轻轻地撒了个谎："别担心，医生说你很快就会好！"这简单的安慰之辞或许并不真实，但却满含着对友人诚挚的期望和美好的所保留，不可一厢情愿。这是说在人前不要一下子把自己的心掏出来。按这个角度理解，在猜中别人心思时，一定也不要说出来，若是一针见血地挑明了，那是对别人的一种侵犯，是极不礼貌的行为，是很容易遭致别人的反感，像杨修那样聪明反被聪明误的。

逢人且说三分话，未可全抛一片心。

我们大多数人都喜欢正直而坦率型的朋友，他们心里无私，有什么就说什么，从来不加以掩饰，这样话说出去，心里也很舒服，总觉得有一种问心无愧的感觉，这种自我感觉总是良好的。的确，坦率也是一种很可爱的性格，大家都喜欢对方坦率，但这也是有条件的，这个条件就是大家都处于凡世，而且彼此能遵守这一游戏的规则，任何一方若违背了这一规则就觉得自己良心受了极大的谴责而心理不平衡，无法生活。显然，这一条件在目前的社会上是无法满足的。当今的社会是一个充满竞争的社会，在这种情况下，"知无不言，言无不尽"，有时看起来显得很幼稚。

这样的人给人开始的印象总是比较好的，刚开始大家会认为你很老实和忠厚。可是，渐渐地，他们会发现原来你头脑简单、思想简单，这样你便被定位为一个弱者，万一他们心怀不轨，那你岂不是自讨苦吃？所以，这种人在没有一种自我保护机制的情况下，常会吃亏。

另外，坦率的人常会伤害别人。这种人想说什么就说什么，毫无掩盖，直来直去而且不分场合，这就犯了一个人性的大忌，人是被包装起来的，谁不希望自己更漂亮、更完美、更出众？谁不愿意别人多选择自己、吹捧自己？而你的坦率却会在连你自己也不知觉的情况下，就伤害了别人。这样，你在无形之中就树立了无数潜在的敌人，这种敌人比你知道的敌人更可怕，他们会寻找机会来向你发动进攻，趁你不备将你击倒，其结果，不是既伤害了别人又毁了自己吗？

最后，坦率的人还会被别人利用，因为你坦率，所以你对事情的看法往往很浅薄，而且很容易被对方的话激怒，同时也很快做出承诺为某人打抱不平，这样你便是一位感情用事的人。而感情用事是很危险的，你也许会逢场作戏，也许会为了一些不值得计较的正义、真理而去牺牲自己，你甚至还可能为了所谓的感情的面子而去成全别人。其实，这些东西都是虚无缥缈的，它们注定是不会永恒的，随着时间和空间的转换、人物的变更，终究有一天它们会化为乌有，而你将得到的也是一场梦。所以，与其当你在梦醒后发现自己被人利用，倒不如早点醒悟过来，警惕自己，多要求、告诫自己，切不可过于坦率和感情用事，逞一时口舌之快，坦率的背后一定要有理性和智慧的支配。

罂粟花又香又美，却生长出了鸦片；无花果的花渺小得看不见，却结出了甜美的果实，花不可开得太盛，盛极必衰；话也不可说得太满，满必有所失。

开玩笑要注意分寸

玩笑是把双刃剑，用得好可以调节我们的生活，一旦失去分寸，就会适得其反，弄巧成拙。

喜欢开玩笑的人一般都心怀善意，他们想做的有时只不过是要多给人增加一分快乐而已。但无论如何，玩笑也有伤人的可能，其界限是很难分的。开玩笑，必须随时记住这一点，即适可而止，否则一步走错弄巧成拙便得不偿失。

美国前总统里根有一次在国会开会前，为了试试麦克风是否好使，张口便说："先生们请注意，5分钟之后，我将宣布对苏联进行轰炸。"一语既出，众皆哗然。里根在错误的场合、时间里，开了一个极为荒唐的玩笑。为此，苏联政府提出了强烈抗议。

开玩笑要因人而异

人的脾气、性格、爱好不同，开玩笑要因人而异。开玩笑要注意长幼关系。长者对幼者开玩笑，要保持长者的庄重身份，使幼者不失对长者的尊敬；幼者对长者开玩笑，要以尊敬长者为前提。开玩笑要注意男女有别。男性对语言情境的承受能力较强，一般的玩笑不会导致男性的难堪；女性对语言情境的承受能力较弱，不得体的玩笑会使女性难堪，甚至"下不来台"。开玩笑还要注意亲疏的差异。一般情况下，与自己比较亲近、熟悉的人在一起开玩笑，即使重一点，也不会影响友好关系。但与自己比较陌生的人在一起，就不宜开玩笑，因为你对人家的个性、经历、情趣、隐私不了解，可能在开玩笑中冒犯了人家，引起反感，不利于今后的互相了解和友谊的发展。

有一次，一位男士的女同事穿着一身漂亮的新衣服来上班，他幽默地说："今天准备出嫁？"这其实是一种夸赞，只不过有点调侃的意味。

然而，他的这位女同事却是个泼妇。

她闻听此言，怒不可遏，拍案而起："你骂人！难道我离婚了？难道我丈夫不在了？"接着又来了一大串的谩骂。

　　这位男士没有想到，他颇为得意的幽默竟被人家当成是不堪入耳的污言秽语，得到的竟是如此难堪的结局。他百口莫辩，只好道歉了事。每当提及此事他都哭笑不得，因为那位女同事因此而到处说他是个"二百五"。

　　这位男士之所以引火烧身就是因为他没有注意开玩笑的对象。

　　同样一个玩笑，能对甲开，不一定能对乙开。人的身份、性格、心情不同，对玩笑的承受能力也不同。

　　一般来说，后辈不宜同前辈开玩笑，下级不宜同上级开玩笑，男性不宜同女性开玩笑。在同辈人之间开玩笑，则要掌握对方的性格特征与情绪信息。

　　对方性格外向，能宽容忍耐，玩笑稍微开大了可能也会得到谅解。对方性格内向，喜欢琢磨言外之意，开玩笑就应慎重。对方尽管平时性格开朗，但如恰好碰上伤心事，就不能随便与之开玩笑。相反，对方性格内向，但正好喜事临门，此时与他开个玩笑，效果会出人意料的好。

　　《旧约·箴言》中说，美丽而无知的女子，犹如金环戴在猪鼻子上。不适当的东西，总是不协调，你的玩笑也不能随意给人，蠢恶之辈，是不能消受玩笑的。音乐是给懂音乐的人听的，绘画是给懂得绘画的人看的，玩笑也是给懂玩笑的人开的。

开玩笑不要揭对方的伤疤

世上本来就有很多不幸的人，出生之后，即背负了身体上的缺陷。而更值得同情的是：他们之所以如此，并非自己心甘情愿的。因此，凡是有怜悯之心的人，都不应该以他们身体上的缺陷为话题。事实上，这也是与人交往时，必须注意的一种礼节。

当着别人面说那种伤人心灵的话，这是非常不人道的。例如，有些人常使用一些刻薄的言语："货底""嫁不出去的老处女""睁眼瞎子""拖油瓶""烂货""杂种""拖累人的废物""精神薄弱儿""坏胚子"等字眼。

假如你有心眼的话，将不难察觉到这些字眼是极为伤人的，甚至是一些非人道而残酷的字眼。我们不妨设身处地地想一想，如果自己被如此称呼，颜面何存？

一天，几个同事在办公室聊天，其中有一位胡小姐在昨天配了一副眼镜，于是拿出来让大家看看她戴眼镜好看不好看。大家不愿扫她的兴，都说很不错。这件事使老常想起一个笑话，他就立刻说出来："有一个老小姐走进皮鞋店，试穿了好几双鞋子，当鞋店老板蹲下来替她量脚的尺寸时，这位老小姐——我们要知道她是近视眼，一看到店老板光秃秃的头，以为是她自己的膝盖露出来了，连忙用裙子将它盖住。'混蛋！'店老板叫道：'保险丝又断了！'"

接着是一片哄笑声，孰料事后竟从未见到胡小姐戴过眼镜，而且碰到老常再也不和他打一声招呼。

其中的原因你不难明白。说者无心，听者有意，在老常来想不过是说起一则近视眼的笑话。然而，胡小姐则可能这样想："你取笑我戴眼镜不要紧，还影射我是个老小姐。我老吗？我才 26 岁！"

金无足赤，人无完人，谁都不应该拿别人的缺点或不足开玩笑。你以为你很熟悉对方，可以随意取笑对方的缺点，但这些玩笑话却很容易被对方认为你是在冷嘲热讽。倘若对方又是个比较敏感的人，你会因一句无心的话而触怒他，以致抱怨而使同事之间关系变得紧张。而你要切记，这种玩笑一说出去是无法收回的，也无法郑重地解释，到那个时候，再后悔就来不及了。

日本人在开玩笑前很紧张，所以他们在开玩笑前要先打个招呼——"以下是个笑话"，然后才讲笑话，也许我们觉得这一点儿也不好笑，但日本人却会说，这是很必要的。因为只有这样，对方才有心理准备，不会把玩笑和严肃的话题混淆，免得造成工作上的误会；如果玩笑和对方有关，打个招呼能避免伤害到对方。日本人不仅说笑话要预告，就是要对某件事提出尖锐的批评时也要先讲一句："我有句难听话要说。"讲完后还要再加一句："这话虽然刺耳，但是请你不要往心里去。"

别人的伤疤是不能轻易触碰的，更不能拿来当作玩笑的谈资。当笑你的同学考试不及格，笑你的朋友怕老婆，你笑你的亲戚做生意因上了别人的当而亏了本，笑你的同伴在走路时跌了一跤……本来这些都是应该给以同情的，而你却拿来取笑别人，不仅使对方难堪，而且显现出你的冷酷无情。诙谐而不伤人自尊的语句，能使人快乐，更会发人深思。这种智慧型的玩笑，是玩笑中最上乘的，在不伤害别人的同时，使大家开心。如果能诚心诚意地这样做，你一定可以获得更多人的信赖、更多人的钦佩，将会获得更多的朋友。

开玩笑要因时因地而宜

一般来讲，在庄严、肃穆的场合不能开玩笑，工作时间不能开玩笑，在公共场合和大庭广众之下，也尽量不要开玩笑。在非常时期，不能拿非常之事开玩笑，在公共传媒上开玩笑更是要谨慎。

据英国媒体报道，在瑞典广播电台的一个名为"你好，法庭"的节目中，电台突然宣布国王古斯塔夫已经与世长辞，而且还把这一消息宣布了好几遍。随后，电台才告诉听众刚才是在开玩笑。当时，一些听到广播的民众最初都以为消息是真的，后来很快得知电台竟然开出如此过火的玩笑，都感到十分气愤。瑞典王室对此也非常不悦，王室女发言人凯瑟琳表示："我们已经通知电台和电视台的主管机构，让他们认真调查这件事情。"而且，她透露说，王室下一步将对不负责任的瑞典电台提出起诉。

2003年"非典"期间，从广东出差出来的李某在办公室和同事聊天时，突然说他感染上了"非典"。因为李某平时很爱开玩笑，所以同事们都没把他的话当真。李某见大家不相信，便假装咳嗽，还说要向单位请假治病。由于李某是刚从疫区回来，而且还显露出"非典"的症状，大家认为宁可信其有，不可信其无。于是，当地有"非典"患者的消息很快传入了社会，在群众中引起了恐慌。有关部门得知后，迅速将李某隔离检查。此时，李某却反复说自己没有得"非典"，只是开句玩笑。检查结果出来，也表明是一场虚惊。但公安机关仍对李某做出了拘留12天的治安处罚。李某不明白，自己只是向同事开了一句玩笑，为什么却要受到治安处罚呢？其实，公安机关对李某的处罚是合法的。据了解，在全国上下齐心战胜"非典"的关键时候，有极少数人利用口头、互联网、手机短信等形式编造虚假信息，散布"非典"虚假病情，增加了人们对"非典"的恐慌。本故事中，李某虽然只是开了一句玩笑，但扰乱了人们的正常生活秩序，影响了"非典"防治工作的正常进行。

这两个故事的开玩笑者都是在不合时宜的时机、场合开了不合适的玩笑，结果惹火上身，还惹上了官司，我们要引以为戒。

人生如若没有了玩笑的调剂，那一定活得很累。不过，开玩笑也是人生的一种智慧，一种艺术，一种境界，一种性情，并不是人人都能够游刃有余地使用这件利器的。不懂开玩笑的人是可悲的，而玩笑开过了火也同样是可悲的，甚至可悲得可笑！

玩笑不宜随意挥霍，否则它就会从珠玉变为粪土；玩笑不是一个筐，不能什么都往里装。

（1）和长辈、晚辈开玩笑忌轻佻放肆，特别忌谈男女情事。几辈同堂的玩笑要高雅、机智、幽默，能助兴，乐在其中。当同辈人开这方面玩笑时，自己以长辈或晚辈身份在场时，最好不要掺和，若无其事地旁听就是。

（2）和残疾人开玩笑，注意避讳。人人都怕别人用自己的短处开玩笑，残疾人尤其如此。俗话说，不要当着和尚骂秃儿，癞子面前不谈灯光。

（3）和非血缘关系的异性单独相处时忌开玩笑（夫妻自然除外），哪怕是开正经的玩笑，也往往会引起对方的反感，或者会引起旁人的猜测非议。

有时候，在办公室开个玩笑可以调节紧张工作的气氛，异性之间玩笑有时也能让人缩短距离。但切记异性之间开玩笑不可过分，尤其是不能在异性面前说荤段子，否则会降低自己的人格，也会让异性认为你少根筋。

（4）朋友陪客时忌和朋友开玩笑。人家已有共同的话题，已经形成和谐融洽的气氛，如果你突然介入开玩笑，转移人家的注意力，打断人家的话题，朋友会认为你扫他的兴。

（5）莫板着脸开玩笑。到了开玩笑的最高境界，往往是开玩笑的人自己不笑，却能把你逗得前仰后合。然而在生活中我们都不是大师，很难做到这一点，那你就不要板着面孔和大家开玩笑，免得引起不必要的误会。

（6）不要总和同事开玩笑。开玩笑要掌握尺度，不要大大咧咧地总是开玩笑。这样时间久了，在同事面前就显得不够庄重，同事们也不会尊重你；在领导面前，你会显得不够成熟，不够踏实，领导也不会信任你，不能对你委以重任。这样做实在是得不偿失。

（7）不要以为捉弄他人也是开玩笑。捉弄他人是对别人的不尊重，会让人认为你是恶意的，而且事后也很难解释。它绝不在开玩笑的范畴之内，是不可以随意乱做乱说的。否则轻者会伤及你和同事之间的感情，重者会危及你的"饭碗"。记住"群居守口"这句话吧，不要让祸从口出，否则当你后悔已晚矣！

（8）格调要高雅。笑料的内容取决于开玩笑者的思想情趣与文化修养。内容健康、格调高雅的笑料，不仅给对方启迪和精神的享受，也是对自己美好形象的有力塑造。钢琴家波奇一次演奏时，发现全场有一半座位空着，他对听众说："朋友们，我发现这个城市的人们都很有钱，我看到你们每个人都买了两三个座位的票。"于是这半场听众放声大笑。波奇无伤大雅的玩笑话使他赢得了观众。

（9）态度要友善。与人为善是开玩笑的一个原则。开玩笑的过程，是感情互相交流传递的过程，如果借着开玩笑对别人冷嘲热讽，发泄内心厌恶、不满的感情，那么除非是傻瓜才识不破。也许有些人不如你口齿伶俐，表面上你占了上风，但别人会认为你不能尊重他人，从而不愿与你交往。

（10）行为要适度。开玩笑除了可借助语言之外，也有人有时通过行为动作来逗别人发笑。有一对小夫妻，感情很好，整天都有开不完的玩笑。一天，丈夫摆弄鸟枪，对准妻子说："不许动，一动我就打死你。"说着真的扣动了扳机，结果，妻子被意外地打成重伤。可见，开玩笑千万不能过度。

俗话说，凡事有度，适度则益，过度是损。人际交往中，开个得体的玩笑，可以松弛神经，活跃气氛，创造出一个适于交际的轻松愉快的氛围。因而诙谐的人常能受到人们的欢迎与喜爱。但是，开玩笑开得不好，则适得其反，伤害感情，因此开玩笑一定要掌握好分寸。

拒绝别人一定要讲究艺术

语言是一种艺术，拒绝则是最难掌握的一门语言艺术。

生活中，不可能不拒绝别人，如果每次拒绝都带来隔阂，带来仇视、敌意，那最后必将成为孤家寡人，想远离孤独，就要学会拒绝这门必修课。

威廉二世设计了一艘军舰，他在设计书上写道："这是我多年研究，经过长期思考和精细工作的结果。"他请国际上著名的一位造船家对此设计作出鉴定。

过了几周，造船家送回其设计稿并写下了下述意见：

"陛下，您设计的这艘军舰是一艘威力无比、坚固异常和十分美丽的军舰，称得上空前绝后。它能开出前所未有的高速度，它的武器将是世界上最强的，它的桅杆将是世界上最高的，它的大炮射程也将是世上最远的。您设计的舰内设备，将使舰长到见习水手的全部人员都会感到舒适无比。你这艘辉煌的战舰，看来只有一个缺点：那就是只要它一下水，就会沉入海底，如同一只铅铸的鸭子。"

拒绝是一种应变的艺术，能让你化险为夷，为自己留下回旋的空间。找借口拒绝对方，模糊一些，对方会心服口服；如果生硬地拒绝，对方则会产生不满，甚至仇恨、仇视你。把话说得委婉、模糊一些，能够使对方听出你拒绝的弦外之意，做到既不伤人，又达到了拒绝的目的，是一种聪明人的做法。

委婉拒绝，把感情留住

美国总统富兰克林·罗斯福在就任总统之前，曾在海军部担任要职。有一次，他的一位好朋友向他打听海军在加勒比海一个小岛上建立潜艇基地的计划。罗斯福神秘地向四周看了看，压低声音问道："你能保密吗？""当然能。""那么，"罗斯福微笑地看着他，"我也能。"他的朋友明白了罗斯福的意思，不再打听了。

　　拒绝他人，是非常容易伤感情的，因为被人拒绝是很多人心里难以逾越的坎，一语不慎可能多年的感情就会付诸东流。于是有很多人因为难于拒绝别人的要求，于是连那些自己干不来的事情也接了下来，结果使对方的期待落空，因而破坏了彼此之间的友谊，这种例子是屡见不鲜的。但不懂得拒绝的技巧，过于直接地拒绝对方，也会影响双方关系，甚至被人误会并结下仇怨，使自己陷于十分不利的境地。所以，应学会运用智慧，巧妙地使用拒绝的话语，以坚持自己的意志，摆脱不利的局面，同时也能维持双方的关系。

　　富兰克林·罗斯福显然深谙拒绝的艺术，其语言具有轻松幽默的情趣，表现了罗斯福的高超水平，在朋友面前既坚持了不能泄露秘密的原则立场，又没有使朋友难堪，取得了极好的语言交际效果。以致在罗斯福死后多年，这位朋友还能愉快地谈及这段总统轶事。相反，如果罗斯福义正词严地加以拒绝，甚至心怀疑虑，认真盘问对方为什么打听这个，有什么目的，受谁指使，岂不是小题大做，有煞风景？其结果必然是两人之间的友情出现危机甚至破裂！

　　与人相处，我们经常会面对他人的请求，比如借钱，帮忙做某事，等等。如果我们对这些请求并不愿意接受，却又不好意思说"不"，我们就会使自己陷入十分为难的境地。或者违心地答应下来，心里却别别扭扭；或者假装答应却不做，失信于人……

　　一般来说，我们应该尽可能地帮助他人，因为乐于助人是我们做人的一种美德。但帮助别人不能没有原则。

　　例如，你在法院工作，你的一个朋友的亲戚犯了法，正好由你审理，朋友的亲戚托他给你送来 5000 元钱，要你网开一面，从轻发落。如果你接受了钱，那么你就是知法犯法，到时弄不好会给自己招惹不必要的麻烦。

许多人不敢拒绝别人的不合理"请求"，实际上是给自己以后求人办一些"不光明正大"的事留后路。这才是真正自私的念头。

拒绝是一门学问，稳妥的拒绝既消除了自己的尴尬，又不让对方无台阶可下，聪明的人在拒绝别人时，总能让人欣然接受还不伤感情。

拒绝不仅是一种艺术，更是化解人际交往中的隔阂的良方，掌握了这门艺术你就既能尽情享受和别人的感情，又最大化地保护了自己的利益。

会说话是一种本事

自从人类创造了语言，语言便成为改变一个人的生活甚至改变一个国家命运的机器，我们日常生活中发生的冲突纠纷大都起因于那些令人讨厌的声音、语调以及不良的谈吐习惯，如果你出言不慎，如果你在语言上伤害了别人，那么这把利剑便会刺向你，为你在人生的旅途中平添几分障碍和困扰。

阿根廷著名的足球运动员迭戈·马拉多纳在 1986 年世界杯上与英格兰队比赛时，打进的第一球是"颇有争议"的"问题球"。据说墨西哥一位记者曾拍下了"用手拍球"的镜头。

当记者问马拉多纳那个球是手球还是头球时，马拉多纳意识到倘若他直言不讳地承认"确是如此"，那么对裁判的有效判决无疑是"恩将仇报"，如果不承认，又有失"世界最佳球员"的风度。

马拉多纳回答说："手球一半是迭戈的，头球一半是马拉多纳的。"这妙不可言的"一半"与"一半"，等于既承认了球是手臂撞人的，颇有"明人不做暗事"的大将风度，又在规则上肯定了裁判的权威，具有君子风度。

正如汤姆士所说："说话的能力是成名的捷径。它能使人显赫，鹤立鸡群。能言善辩的人，往往使人尊敬，受人爱戴，得人拥护。它使一个人的才学充分拓展，熠熠生辉，事半功倍。"即使你的思想像星星一般闪闪发亮，即使你替公司经营所出的主意像诸葛亮般精明，即使你的头脑里充满了有关艺术、体育、飞机、矿物学、电脑等各种渊博学识，但如果你不具备会说话的能力，这一切都将无法使你免遭语言障碍的困扰，只会使你因你自己笨拙的舌头而黯然失色。

说话要投其所好

俗语说："用蜜比用醋更能捉到苍蝇。"

很久以前，有个国王夜里梦见他的牙齿全部掉光了。国王召来一个解梦家，问他这个梦是什么意思，解梦家听完了说："国王陛下，这真是不幸，这说明您的亲人会遇到灾难，因为每个牙齿的掉落，都代表着您一个亲人的死亡！"

"什么，你这个胡说八道的家伙！"国王愤怒地朝他大喊道，"你竟敢对我说这种不吉利的话？真是胆大妄为！"国王转过身下令："来人！将这家伙拖出去打50大板。"不一会儿国王又请来了另一个解梦家，问他所做的梦的征兆。听了国王的梦，这个解梦家立刻恭贺国王。

他说："国王您真是幸运，这个梦预示着您比您所有亲人都长寿!"国王听了，阴沉的脸马上开朗起来，笑着说："还是你的解梦术高明。侍卫，立刻陪他到库房领取50个金币。"两种不一样的表达方式，其后果竟是天壤之别。

我们看事物都是通过自己的眼睛，最明智的做法是先站在不同的立场，站在对方的角度想一想，然后换一种新的表达方式。那么，你可以收到意想不到的效果。

古代一位财主中年得子，非常高兴，摆了酒席宴请亲朋好友。亲戚朋友见了小孩都拣好听的话说，有的说这孩子大福大贵，将来一定会做官，有的说这小孩一脸福相，将来一定家业兴旺。财主听了心里喜滋滋的。偏偏这时一个人说："这孩子将来一定会死。"此话一出，财主的好心情没有了，酒席草草结束。

此人所讲的确是真话，因为生老病死，谁也逃脱不了，但他不掌握财主的心理需求，冒冒失失讲出这句话，让人又气又恼。

人们对于性格耿直的人总是又爱又恨，爱的是其正直，恨的是其毫不留情面，往往让对方无地自容。不站在对方的立场上说话，不注意说话的方式，最后的结果总是让人恨大于爱。

袁世凯窃取了中华民国大总统的职位后，每天做着皇帝梦，有一次竟在白天进入梦中，一位侍婢正好端来参汤，准备供袁世凯醒后进补，谁知不慎将玉碗打翻在地。婢女自知大祸临头，吓得脸色苍白，浑身打颤。袁世凯醒了，他一看见玉碗被打得粉碎，气得脸色发紫，大吼道："今天俺非要你的命不可！"因为这只玉碗是袁世凯的"心头肉"，打碎它是死罪。

侍婢连忙哭诉道："不是奴婢之过，有下情不敢上达。"

袁骂道："快说快说，看你编的什么鬼话！"

侍婢道："奴婢端参汤进来，看见床上躺的不是大总统。"

"混账东西！床上不是俺，能是啥？"

侍婢下跪说道："我说。床上……床上……床上躺着的是一条五爪大金龙！"

袁世凯一听，以为自己是真龙转世，要登上梦寐以求的皇帝宝座了，顿时怒气全消，一时高兴便拿出一沓钞票为婢女压惊。

这位婢女之所以能化险为夷，就在于能抓住袁世凯的心理顺风扯帆，在语言上稍加藻饰，便取悦于他了。

说话时学会投人所好绝对是一种本领，直率的性格也许是好的，但是直率的说话往往会有反面作用。假如自己说话不加修饰，只会一味地直率，那么就会伤人与伤己。直率说话，效果可能是适得其反的。有的时候，虽然自己的出发点是好的，但是因为自己不会说话，往往自己的话让别人听起来非常的刺耳，感觉很不舒服，别人也会反感这种出发点是好的举动。不能做刺猬型的人，否则别人会远远地躲避自己。社会就是这样的，人们也是这般的奇怪，他们既喜欢性格耿直的人，又讨厌其直来直去的说话方式。所以，我们在做人时除了要诚实、正直以外，自己的说话方式一定要委婉、中听，一定要在摸清他人心理的基础上来操练自己的舌头。

巧拉家常也是一种舌头功

1952 年，尼克松参加了艾森豪威尔总统的竞选班子。就在这时，有人揭发：加利福尼亚的某些富商以私人捐款的方式暗中资助尼克松，而尼克松将那笔钱据为己有。

尼克松据理反驳，说那笔钱是用来支付政治活动开支的，绝没有据为己有。但是，艾森豪威尔要求他的竞选伙伴必须"像猎狗的牙齿一样清白"，准备把尼克松从候选人名单中除去。

这样，那一年 10 月的一天晚上 10 点 30 分，全国所有的电视台、电台将各自的镜头、话筒对准了尼克松——他不得不通过电视讲话解释这些捐款的来龙去脉，为自己的清白而作辩护。

尼克松在讲话中并不单刀直入地为自己辩解，以清洗丑闻给他蒙上的灰尘，而是多次提到他的出身如何低微，如何凭借自己的一股勇气、自我克制和勤奋工作才得以逐步上升的。这合乎美国那种竞争面前人人平等的国情，博得了观众和听众的同情。

说着说着，他话题一转，似乎是顺便提起了一件有趣的往事，他说道：

"在我被提名为候选人后，的确有人给我送来一件礼物。那是在我们一家人动身去参加竞选活动的那一天，有人说寄给了我家一个包裹。我前去领取，你们猜会是什么东西？"

尼克松故意打住，以提高听众的兴趣。

"打开包裹一看，是一个条箱，里面装着一条西班牙长耳朵小狗儿，全身有黑白相间的斑点，十分可爱。我那 6 岁的女儿特莉西亚喜欢极了，就给它起了一个名字，叫'棋盘'。大家都知道，小孩子们都是喜欢狗的。所以，不管人家怎么说，我打算把狗留下来……"

这就是历史上有名的尼克松"棋盘演说"。

事后，美国的一份娱乐杂志马上把这次"棋盘演说"嘲讽为花言巧语的产物。好莱坞制片人达里尔·扎纳克则说："这是我见过的最为惊人的表演。"

尼克松当时还以为自己失败了，为此还流过不少眼泪。可最后事态的发展完全出乎大家的意料，成千上万封赞扬他的电报涌进了共和党全国总部，他因为表现出色最终被留在了候选人的名单上。

巧拉家常，主要是利用人性的弱点，用浓厚的人情味拉近人们心理上的距离。古人云：用兵之道，攻心为上，攻城为下。同样的，说人之道也是攻心为上。

巧拉家常是一种高明的攻心术，也是说话的上层境界，它使对方在情感上与你产生强烈的共鸣，不知不觉成为你的俘虏，从陌生到熟悉，化对立为调和，恰如诗文"山重水复疑无路，柳暗花明又一村"。

小李家的电话老是出现杂音，他几次找当地邮局要求检修一下线路。

邮局局长立即把正在看杂志的小于找来，批评他的不是，并令其赶快随小李到他家去检修线路。

一路上，小于紧锁着眉头不吭一声，小李灵机一动，问道："你刚才看的是什么杂志？"

"《体育世界》。"

"哎呀，这杂志我家订了好几年了，包你看个够。"

于是一路上两人你一言我一语谈得有滋有味，到小李家后，电话线很快检修完毕，后来两人还成了好朋友。

小李以一本杂志为契机，适时地找到了他们共同关心的话题，使二人原来紧张的气氛很快消除了。

法国散文大师米歇尔·蒙田曾说："磨炼自己的头脑，和他人相互切磋交流，是十分有益的。"要想有效突破对方的心理防线，不如学会一点攻心术，以情动人，也许你的机会就闪现在那几句不经意的家常话中。

当你不会说话时就保持沉默

如果你发现实在无法让自己的舌头跳起桑巴舞，那就管好你自己的嘴，练就古人所说的"大音希声，大象无形"的境界。

有一家汽车制造公司准备购买一大批用于车内装潢的布料，参与竞争的有三家纺织品厂商。在作最后决定前，该公司要求三家纺织品厂商各派一名代表于特定日期来该公司进行最后一轮洽谈。

道尔是其中一家纺织品厂商的业务代表，当时正好患了严重的咽喉炎，但这一点却使他最后"因祸得福"，获得了成功。他事后回忆当时的情景说：

"我被引进一间会议室，面对的是那家公司的多位高级主管，诸如丝织品工程师、采购经纪人、业务经理及该公司总裁等。我站起身，尽最大努力想讲几句话，却只是徒费力气而已。

"众人环绕着会议桌而坐，都静静注视着我。我只好在纸上写道：'诸位先生，我因咽喉炎发不出声来，没办法讲话。真抱歉！'

"'我来帮你讲。'该公司总裁说道。于是，他便代我展示样品，并说明那些样品的种种好处。接着大家开始讨论，也都极力称赞我的纺织品的优点。由于那位总裁取代了我的位置，便代替我参加讨论。而我自己唯一能做的，只是微笑、点头或打几个手势而已。

"这个极其特别的会议，结果是：我得到了那份价值160万美元的合同——那是我有生以来争取到的最大订单。"

道尔带着庆幸的口气总结说："我知道，如果不是我不能开口说话，我一定得不到那份订单，因为我对整个事情的估计完全错误。经过这次经验，我发现多让别人开口讲话，实在有极大的好处。"

"三思而言"，没有经过自己大脑思考的话，不但是废话，而且往往会招来不必要的麻烦和灾祸。所以深谙说话之道的人不是在胸膛上"开窗口"，而是在嘴巴上"装阀门"。说话快思考慢的人多是愚蠢的，因为他们总是说了又后悔；思考快说话慢的人多是智慧的，因为他们总是非常检点自己的语言表达。说话是为了正确地表达自己的思想和意见，而不是为了自己光图个嘴巴痛快，乱去发泄自己的情绪。有些人总是批评别人没有大脑，总是爱随便说话，但是却很少检查自己有没有大脑，有没有乱说话的时候。一个人的脑袋必须学会思考，一个人的嘴巴必须知道适时关闭。

第五章

初入社会，不要和这个世界格格不入

生活中很多时候都需要我们去适应环境，而不是让环境适应自己。如果总是固执地凭借本身的能力和变化的环境相抵抗，到最后吃苦头的还是自己。做人如果不能适时地变通自己，那么，总有一天你就会被环境和时代所抛弃。

适者生存，做人要随时调整自己

这个世界上永远没有一成不变的东西，只有适时调整自己的人生方向，调整自己的前进方略，才能领略到人生的精彩。生活中很多时候都需要我们去适应环境，而不是让环境适应自己。如果总是固执地凭借本身的能力和变化的环境相抵抗，到最后吃苦头的还是自己。

社会心理学教授在讲台上告诉他的学生们："奋斗通常是指一种强硬的人生态度，主张不屈不挠，勇往直前。但事实上，人面对社会乃至整个自然界，是极其渺小的。因此，不要因为年轻的激情而被'奋斗'这个词误导。"

学生们很惊奇,这样的话竟然由敬爱的导师讲出来。教授显然看懂了台下的情绪,笑呵呵地说:"在我看来,奋斗包含两个层面:积极斗争和消极适应。请大家随我走一趟。"

数十号人来到教授家门前的草坪上,教授指着一棵老槐树说:"这里有一窝蚂蚁,与我相伴多年。"学生们凑上前观看:树缝里有小洞,小蚂蚁们东奔西跑,进进出出,很是热闹。教授说:"近些日子,我常常想办法堵截它们,但未能取胜。"学生们发现,树周围的缝隙、小洞大多被泥巴、木楔给封住了。

"可它们总是能从别处找到出路。"教授说,"我甚至动用樟脑丸、胶水,但是,它们都成功地躲过了劫难。有一段时间,我发现它们唯一的进出口在树顶,这是很不方便的;而一周后,我发现它们重新在树腰的空虚处开辟了一个新洞口。"

学生们表示钦佩。教授说:"蚂蚁们的生存环境不比你们广阔,它们的奋斗舞台实在很狭窄,更重要的是,它们深深理解自己的力量。因此,它们没有与我这个'命运之神'对抗,而是忍让与适应。当它们知道自己无法改变洞口被堵死这一事实时,它们就很快地适应了。而自然界中那些善于拼搏、厮杀的猛兽,如狮子、老虎、熊,目前的生存境况大多岌岌可危,因为它们与蚂蚁相比,似乎不太懂得奋斗的另一层力量——适应。"

教授说:"适应环境本身就是奋斗的组成部分,只有在此基础上开辟战场去对抗,生活才有胜算的光明。"

年轻人就应该懂得适应环境,根据周遭局势的变化来调整自己的心态与规划。即使你是做出了成绩的大功臣，但当身边的环境发生了变化时，如果还沉浸在其中，用自己过去的功劳做筹码，肯定是要被打倒的。做人要聪明，应该懂得世界上没有什么东西是永恒的，外部环境已经发生变化了，自己本身具有的东西也要适当地加以调整。如若非要固执行事，那么，恐怕吃亏的只能是自己。

我们的生存离不开环境，随着环境的变化，我们必须随时调整自己的观念、思想、行动及目标，这是生存的必须条件。

但是，有时候环境的发展，与我们的事业目标、欲望、兴趣、爱好等发展是不合拍的。环境有时也会阻碍、限制我们欲望和能力的发展。这个时候，如果我们有办法来改变环境，使之适合我们能力和欲望的发展需要是最理想的。

那么，怎样才能很好地适应环境呢？你可以从以下两点做起：

1. 把自己置身于客观环境中

从实际出发，正确认识客观环境的现实，不逃避现实也不做无根据的幻想，从而把自己置于这个环境之中，了解它，掌握它并进一步改造它。

2. 改变不了环境就改变自己

从主观上要采取积极态度，不是消极等待。在选择对策时应当审时度势，有条件的选择改造环境的条件，无条件的选择改造自身的办法，这样才能既不会想入非非，又不会自暴自弃，从而找到最佳方案。

不论适应环境，还是改变自己，都要有一个转变和考虑的过程，在这个过程中，往往会有某些困扰。但不管有什么阻碍和困扰，只要你采取了积极的心态，就会从环境中得到自由。

压力来时，勇敢面对

动物冬眠，藏起来不食不动称为"蛰"。"蛰居"，意为长期隐居在某个地方，不出头露面。在西方社会里，身体、精神健康的正常人因为种种原因长期居家不与外界接触，成为"都市隐士"的情况也颇为普遍。这种人通常被称作"蛰居族"。"蛰居族"的代表口号是："让压力见鬼去吧，我不喜欢它，我就是失败，这（'蛰居'）就是我想要的生活……"

工作难找、生存压力大是这类人群出现的主要原因。面对压力，一部分年轻人被激发出了生存能力潜能，但也不可避免让一部分年轻人出现不适应，因"边界感"模糊而出现烦恼。甚至哀伤、痛苦，这些感受又驱使人产生很强的焦虑感，潜意识地回避压力、逃避复杂的社交。

"蛰居族"的典型特征就是几乎每天都待在家里，宁肯独自上网、看电视或读书看报，也不愿意外出工作，为的就是逃避复杂的人际关系，甚至彻底避免一切可能发生的社会交往。他们在经济上主要依靠过往的积蓄或父母亲友的救济。久而久之，他们的性格变得沉默寡言，在外人眼中他们的行为也显得更加古怪。

小安每天大多数时间都挂在网上，上网打游戏是他每天的主要生活。他大学毕业后，因为受不了找工作的压力，就一直待在家里。后来，在家人的劝说下，勉强找到了一份工作，可又因为承受不了工作压力，不善处理复杂的人际关系而辞职。回家后，他也经常不出去，整天无所事事。后来，他迷恋上了网络，每天除了吃饭、睡觉以外，他把所有的时间都花在了泡网吧打游戏上了。没钱花了就向父母要，还说父母就他这么一个儿子，不会不给自己钱花，况且家里经济条件还可以。

面对小安的这种"蛰居"生活，也有亲友对他有意见，但他却觉得无所谓。他说："我已经习惯了这种生活，恐怕一辈子都改不了，我可不愿意向其他人一样承受那么大压力，人活着轻松自在多好。"

像小安这样因为不愿意承受压力而"蛰居"在家的年轻人不在少数。人生是个很漫长的过程，以后还有很长的路要走。如果因为一件事情不成功自己就放弃，估计以后什么事情都做不成了。

诚然我们有时候会承受很大的压力，但是越是那个时候，我们越应该学会坦然面对，面对家人，面对自己，面对社会，逃避不是解决问题的根本办法。

很多时候我们都应该有一种姿态，像树木一样站立的姿态，无论什么时候都坚韧不拔，傲然挺立。

王蒙大学毕业没几年，就因为工作业绩突出被提升为业务经理，负责整个公司产品的销售工作。每天工作勤勤恳恳，尽职尽责，一心想把工作做好。可事与愿违，随着社会竞争日趋激烈，同类产品不断涌出，经济效益每况愈下，王蒙感到越来越难做。而当初立下的军令状就像一座大山一样重重地压在他的身上，使他喘不过气来。

王蒙越来越感到一种莫名的恐惧，仿佛看到前任经理的今天就是自己的明天，他感到自己力不从心。重压之下，他干脆选择逃避，竟然三天没上班，手机也关掉，在家什么事情也做不了，约朋友出来聊天也显得心事重重。到了第四天，垂头丧气的王蒙找到心理医生："现在的我真是累啊，一进公司就感到紧张，自己以前的那种干劲不知到哪里去了。现在我只想找个安静的地方，静静地睡上一觉，再也不想面对这些烦恼的问题。"

选择退缩与逃避，虽然可以暂时得以解脱，但事情却并没有就此了结。许多的问题都还在等着我们去解决。所以，选择退缩与逃避是一种不负责任与不成熟的表现。

人都有逃避的天性。逃避可以给人暂时的舒适感，然而时效一过，压力会更大，最终会大到无法忍受。逃避不能解决任何问题，压力实际上始终存在着。逃避只是在浪费宝贵的时间，不断逃避的最终结果，就是无处可逃。

面对压力，我们要选择的不应该是逃避，而应该是直面和应对。直面压力虽然一时会很艰难，但是压力会通过行动减小很多。直面压力才是减小压力、解决问题的唯一方法。

在困难面前积极寻找解决问题的方法

生活中，无论我们走得多顺利，但只要稍微遇上一些不顺心的事，很多人就会习惯性地抱怨老天亏待我们，进而祈求老天赐给自己更多的力量，帮助我们渡过难关。实际上，老天是公平的，每个困境都有其存在的正面价值。

奥格·曼狄诺是《世界上最伟大的推销员》一书的作者，他出生在一个平民家庭。28岁时，他从学校毕业，有了一份不错的工作，并且和自己喜欢的人结了婚。但是由于他的年轻冲动，他曾犯过一个严重的错误，以致失去了一切——家庭、住房和工作。

于是，他觉得自己应该为此做点什么了。他在以后的两年里，一直在寻找属于自己的答案。他有幸遇到了一位牧师，这位好心的牧师解答了他提出的许多困扰人生的难题，并送给了他一份书的名单，上面列着11本书的书名。牧师对他说，你读完这些书，就能解决你所面临的所有难题了。

奥格·曼狄诺欣喜若狂，从此，他就把那11本书全部找来细细地阅读。慢慢地，他开始看到了希望，他的生活似乎有了一束阳光，他觉得自己又活了过来。

在以后的岁月里，曼狄诺当过推销员、业务经理等，在这条道路上，充满了机遇，也满含着辛酸，但他已经能应付自如了，因为他掌握了积极思考的技巧。当遇到困难，甚至失败时，他都用书中的语言激励自己，坚持不懈，直至成功。终于，在35岁生日那一天，他创办了自己的企业——《成功无止境》杂志社，从此步入了他人生辉煌的阶段。奥格·曼狄诺的成功为他带来了巨大的荣誉和财富，以至他被人们称为商界英雄。但曼狄诺没有就此止步，他又开始著书立说。44岁那年，他写出了《世界上最伟大的推销员》一书。该书一经问世，即在全世界出版，不仅是推销员，包括社会各个阶层人士，全都被这部作品吸引住了，人们争相阅读。

人生在世，困难总是难免的，关键要有勇气去面对，有决心去克服。有时困难在想象中会被放大一百倍，其实困难并不像我们想象的那么可怕，那么难以克服。事实上，当你迈出了第一步就会发现，那些麻烦与困难有时只是自己吓自己。

汤姆大学毕业后如愿成为一名记者。这天，他的上司交给他一个任务：采访当时一位有名的法官。接到这个重要任务，汤姆并没有感到高兴，反而心事重重。他想：自己任职的报纸不是当地的一流大报，自己也只是一名刚刚出道的小记者，那位法官怎么会接受我的采访呢？

同事格林看到他愁眉不展的样子就鼓励他说："让我来打个比方——你现在就如同躲在一个不见阳光的屋子，想知道外边的阳光有多强烈，那就走出去。"接着格林拿起汤姆桌上的电话，查询好那位知名法官的电话就打过去了，很快就打通了，接着，格林直接阐明自己的意愿："我是当地一家新闻报的记者汤姆，我奉命访问法官，不知你能否有时间接见我呢？"旁边的汤姆惊得目瞪口呆。格林一边接电话，一边向目瞪口呆的汤姆扮个鬼脸。接着，汤姆听到了格林的答话："谢谢你。明天下午2点我会准时到。"一直在旁边看着整个过程的汤姆渐趋平静，似有所悟。

后来，汤姆经过自己的努力成为了一家知名报纸的台柱记者。

工作中，许多年轻人经常感觉到困难重重。社会环境的变化，市场竞争的残酷，企业文化的冲突，人际关系的复杂，甚至是各种不幸和灾难的打击，可能已经让你觉得心力交瘁、万念俱灰。很多年轻人因此认为活着实在太累、太难，甚至差一点儿就放弃了与困难斗争的勇气。

然而，强者与懦夫的区别就在这里。因为真正的强者懂得，逃避永远不能解决问题，战胜困难的唯一办法就是勇敢地面对，积极地思考。将问题视为磨炼自己意志和锻炼处世能力的机会，用自己的行动，去征服它，战胜它。

当你从困难前面走过，你会发现，原来困难并不可怕，可怕的是我们没有面对困难、战胜困难的勇气和智慧。想想自己曾经经历过的种种挫折和灾难，你也许会发现，正是这些困难和挫折让你站得更高，看得更远。

第六章

熟谙职场规则，让"职商"一路飙升

一个有才干的人能不能得到重用，很大程度上取决于他能否在适当场合展示自己的本领，被他人认识。如果你身怀绝技，但藏而不露，他人就无法了解，到头来也只能空怀壮志，怀才不遇了。

是珍珠就要让自己发光

表现欲是人们有意识地向他人展示自己才能、学识、成就的欲望。对于我们来说，增强自己积极的表现欲尤为重要。实践证明，积极的表现是一种促人奋进的内在动力。谁拥有它，谁就会争得更多发展自己的机会，从而接近成功的彼岸。

然而在现实生活中，有一些人并不这样看问题。他们对表现欲存有偏见，以为那是"出风头"，是不稳重、不成熟，所以不喜欢在大庭广众面前表现自己，仅满足于埋头苦干、默默无闻。也有一些很有才华、见解的人，缺乏当众展示自己的勇气，遇事紧张胆怯，每每退避三舍。这样一来，他们不但失掉了很多机会，而且给人留下了平庸无能、无所作为的印象，自然得不到好评和重用。这些现象告诉我们，表现欲不足无疑是一种缺憾，积极的表现欲应该成为现代人必备的心理。

　　有一家大型企业到某高校招聘人才，毕业生们非常踊跃，偌大的礼堂座无虚席。首先，人事主管对企业概况、发展简史、招聘岗位与要求等一一做了介绍。这家企业在国内久负盛名，这次招聘开出的待遇条件也相当优厚，未来发展前景非常良好，不少毕业生都很动心，在台下认真地做了记录。一旁的总经理突然说道："哪位同学觉得自己能够胜任这份工作，可以现在就做个自我介绍。"立刻，会场变得鸦雀无声，众目睽睽之下，谁也不想"出风头"。何况万一人家觉得自己不合适，不是白白丢脸。总经理非常惊讶，在这些青年人身上竟看不到一点"初生牛犊不怕虎"的闯劲。失望之际，一个男生从后排站起来，他的脸涨得通红，看上去非常紧张，他结结巴巴地说："您……您好。我是……管理学院……管……管""管"了半天，周围的同学开始窃笑。总经理温和地说："没关系，你先放松一下，再介绍一次。"他腼腆地笑了笑，停了一会儿，这才开口说道："对不起，我太紧张了。我是管理学院工商系的学生，我觉得自己可以胜任这份工作。贵公司是一家实力雄厚的企业集团，如果能够得到这个机会，我一定会发挥所学，尽我最大努力，做好工作。"总经理点点头，示意他坐下。他拿过麦克风，对台下说道："我不了解这位同学的详细情况，但我可以告诉他，他被录取了。他身上有你们很多人缺少的东西，就是勇气。在机遇到来时，大胆表现自己，这就是勇气。年轻人不能没有勇气啊，我们的企业就需要这种积极向上、无所畏惧的青春力量。"

台下的窃笑早就停止了，大家都陷入了深深的思索，而更多的则是懊悔。为什么自己没能站起来展示自我呢？与其说是人家幸运，不如多从自己身上找问题。

一个人若想获得成功，必须善于表现自己。表现自己是一种才华、一种艺术。有了这项才华，你就不愁吃，不愁穿了，因为当你学会了推销自己，你几乎能推销任何值得拥有的东西。有人具有这项才华，有人就不这么幸运了。

自我表现能够让人变得自信，让人充满激情和力量，给人机会和成功。

善于表现自我的人，参与意识和竞争观念都比较强。他们能以积极的心态看待自己，把当众表现当成乐趣和机会，主动地寻找表现的场合，甚至敢与强手公开竞争。所以，他们就比一般人多了参与实践的机会。比如，在会议上发言，表现欲强的人常主动发言，谈自己的见解。如此不断实践，他们的思想水平和口才就会得到锻炼，得到长足的提高。他们通常都注意塑造自我形象，有较高的追求。他们为了当众塑造良好的形象，必然以此为动力，努力学习、勤奋工作、不断充实自己，使自己获得真才实学。

一个有才干的人能不能得到重用，在很大程度上取决于他能否在适当场合展示自己的本领，让他人认识。如果你身怀绝技，但藏而不露，他人就无法了解，到头来也只能空怀壮志，怀才不遇了。善于表现自我的人总是不甘寂寞，喜欢在人生舞台上唱主角，寻找机会表现自己，让更多的人认识自己，让伯乐选择自己，使自己的才干得到充分发挥。

自我表现应把握的几条原则如下：

1. 推荐以对方为导向

在推荐自己的时候，注重的应该是对方的需要和感受，并根据他们的需要和感受说服对方，被对方接受。某重点高校学生琳琳，个性外向，多才多艺。她听说一家知名刊物招聘记者，便立即前去面试。谁知由于准备工作不足，她对该刊物缺乏了解，回答此类问题时张口结舌，尽管她成绩很好，也很聪明能干，却没能赢得总编的好感。琳琳的自我表现因为导向错误而归于失败。

2. 不要害怕失败

人有百号，各有所好。对人才的需求也是这样。假如你尽力针对对方的需要和感受仍说服不了对方，没能被对方所接受，你应该重新考虑自己的选择，但是不要因为一次失败便失去自我表现的勇敢。你应该调整的是你的期望值，而不是自我表现的态度和方法。

3. 掌握一些方法

人们通过自我表现可以取得推荐自己、说服对方、达成协议、交流信息、消除误会等功效。自我表现时，应注意和遵守以下法则：依据面谈的对象、内容做好准备工作；语言表达自如，要大胆说话，克服心理障碍；掌握适当的时机，包括摸清情况、观察表情、分析心理、随机应变等。

4. 要有自己的特色

表现自己必须先从引起别人注意开始，如果别人不在意你的存在，那就谈不上表现自己。那么如何才能引起别人的注意呢？关键是要有自己的特色。这里所谓特色，就是你个人的风格、特点、优点、长处，那些有别于旁人的，不流于俗的东西，你尽可以大胆展现出来，一定会令人眼前一亮。

5. 应知难而退

在表现自我时，如果发现时机不对或者对方无兴趣，就要"三十六计，走为上策"。这时候，表现要冷静，不卑不亢地表明态度，或者自己找个台阶下，给人留下明事理的印象。

通常说到"表现表现"多少带点讽刺意义，现实中确有一些人为了获得赏识、得到提升或一些眼前利益，投机取巧，刻意追求，故作表现。但这里所说的"表现"却是让你在工作中充分展示自己的才能，亮出自己的真本领，做好本职工作的同时，多做力所能及的分外事，发挥自己的特长，主动创造机会，使自己脱颖而出。

第一，在一个企业中总有很多优秀的员工还没有被充分认识，他们的能力还没得到充分发挥。这也许是中国的传统观念造成的，认为谦虚、忍让、内敛是人的美德，不愿抛头露面，在别人没有认识自己时不愿主动站出来说："让我来！我能行！"这样失去了很多机会。

第二，如果你有某方面的能力，但长期不表现出来，得不到锻炼，你的能力也会退化，知识也会老化，那样会真正被埋没。所以你一定要大胆参与各种活动，积极主动改进工作，让你的领导、上司认识你，也会获得更多的机会。

第三，领导要鼓励"表现"。做错了不要紧，失败一次不要紧，"表现自己"本身也是一种锻炼的机会。不断"表现"自己，不断改进工作，能力也会越来越强。企业上下也可以开展一些活动，从不同性质的活动中发现人才，从各个侧面来观察一个人不同方面的能力，从中选择干部，把他放到合适的位置。

但是，"表现"说到底还是比较表层的东西，是需要真才实学做后盾的。一个人的能力，最终还是体现在了工作中。你是否胜任了你的工作，并主动推进着工作。你的工作绩效是你最好的表现，是你是否具有真才实学的最好证明，也是最终获得机会的保证。

现实工作中有很多机会等着你，所以大胆地"表现"自己很重要。希望那些还没被认识的各种人才，大胆"表现"，是珍珠就要让自己发光。

在现代职场中，默默无闻、埋头苦干的人，不一定会得到重用。一个精明的员工，不仅要会做事，还要会"表现"自己，这样才有机会脱颖而出。绝大多数人都有自己的理想和目标，但人生的第一步是必须学会醒目地亮出自己，为自己创造机会。说到底，这是一种观念，是主动出击还是被动选择？其实，这在很大程度上决定着你的成功与否。

生活中常有这样的情况：有些人做了很多，但升迁、加薪的往往不是他；有的人虽然做得不是很多，但却引来老板的赞赏、同事的羡慕，加薪等好事自然也尾随而至……相信每个人都想做后者而不想做前者，如何让别人看到你所做的？如何让老板关注你呢？

如果上司看不到你的工作成绩，确实是件相当郁闷的事情。但总的来说，每个人身在职场其表现也是各不相同的。有的人非常自信，认为只要自己努力工作总有一天上司会明白；有的人选择随遇而安，并不是很介意；有的人则比较消极，甚至破罐破摔。

在上司迟迟未能看到你的成绩时，你可能会选择跳槽；你也可能抱着"是金子总会发光"的信念继续积极工作。只有真正聪明的人会主动寻求良机与上司进行沟通。

工作经验不同的人对此事的反应也不一样。刚工作的新人会有一大部分首选跳槽，也有继续工作的，但主动与上司沟通的就少了。随着工作阅历的丰富，职业人开始明白与上司沟通的重要性，工作 5 年后就会有一部分的人选择"找机会与上司沟通"，而选择继续积极工作等待上司来发现的就会变少。

要想让老板注意你的成绩，首先要明白老板对你工作的要求，正所谓"好钢要用在刀刃上"。仔细地想清楚老板的要求，这样会对你以后的职场之路有很大帮助。

你可以正式和老板面谈，或定期发 E-Mail，向老板汇报自己的工作进程及成果；还可以在会议中适当发言表述自己的工作成绩。不过，利用战术也是一种比较有效的方法。

如果你想在公司有所发展，消极等待与一味地默默工作都是不可取的，努力找机会让老板明白你的想法，知道你工作的成果，才是积极的做法。

最高的道德是你自己的原则

英国的一个城市公开招聘市长助理，条件是必须是男人。当然，所说的男人并不仅仅从生理上去界定，它指的是精神上的男人，每一个应聘的人都理解。

经过了多番文化和综合素质的角逐，有一部分人获得了参加最后一项特殊的考试的权利，这也是最关键的一项。那天，他们轮流去一个办公室应考，这最后一关的考官就是市长本人。

第一个男人走进来，只见他一头金发熠熠闪光，天庭饱满，高大魁梧，仪表堂堂。市长带他来到一个特别的房间，房间的地板上洒满了碎玻璃，尖锐锋利，望之令人心惊胆战。市长以万分威严的口气说："脱下你的鞋子！将里面桌子上的一份登记表取出来，填好交给我！"

男人毫不犹豫地将鞋子脱掉，踩着尖锐的碎玻璃取出登记表填好交给了市长。他强忍着钻心的痛，依然镇定自若，表情泰然，静静地望着市长。市长指着一个大厅淡淡地说："你可以去那里等候了。"男人非常激动。

市长带着第二个男人来到另一间屋子，屋子的门紧紧地关闭着。市长冷冷地说："里边有一张桌子，桌子上有一张登记表，你进去将表取出来填好交给我！"男人推门，门是锁着的。"用脑袋把门撞开！"市长命令道。男人毫不犹豫低头硬撞，一下、两下、三下……

足足有半个小时，头破血流，门终于开了。他取出表认真地填好交给了市长，市长说："你可以去大厅等候了。"男人非常高兴。

就这样，一个接一个，那些身强体壮的男人都用自己的意志和勇气证明了自己。市长表情有些沉重。他带最后一个男人来到一个房间，市长指着站在房间里的一个瘦弱的老人对男人说："他手里有一张登记表，去把它拿过来填好交给我！不过他不会轻易给你的，你必须用你刚硬的铁拳将他打倒……"男人带着严肃的目光投向市长："为什么？你得让我有足够的道理！""不为什么，这是命令！""你简直是个疯子，我凭什么打人家？何况他是弱小的老人！"

市长又带他分别去了那个有碎破玻璃的房间和紧锁着的房间，同样遭到了他的反对和拒绝。市长对他大发雷霆……

男人气愤地转身就走，被市长叫住了。市长将这些应考的人都召集在一起，告诉他们只有最后一个男人考中了。

那些无一不伤筋动骨的人都捂着自己的伤口审视着被宣布考中的人，当发现他身上的确一点伤也没有时都惊愕地张大了嘴巴，非常不服气，异口同声地问："为什么？"

市长说："你们都不是真正的男人。"

"为什么？"

市长语重心长地说："真正的男人懂得反抗，是敢于为正义和真理献身的人，而不是选择唯命是从，做没有道理牺牲的人。"

最高的道德是个人的原则性。当你外在的行动和内在的思想相称时，你是诚实的。当你抛弃真理去取悦他人时，你就放弃了诚实。罗伯特·路易斯·史蒂文森大声疾呼："要想知道你喜欢什么，而不是谦恭地对世界告诉你应该喜欢的事物说'阿门'，就要保持你的精神活泼。"没有什么比保持精神活泼更重要，而这种精神活泼的支柱莫过于一个人的尊严、操守、自尊、自信、正直。放弃那些迎合别人的无谓牺牲，那么你就拥有别人最真诚的敬意，你才算恪守这个世界上最高的道德的人。

当我们在决定我们的生活是什么样的时刻，我们总被引导着相信生活决定我们是谁。而事实上，在这个世界上只有你自己的精神才能告诉你，你将要走上去的前途是什么样子的。除了你之外，没有人能够主宰你未来的方向。你应该坚持的事就是你自己的原则。相信、倾听你心灵的召唤，人就会生活在深刻的精神中，这也是最灿烂的道德之光。

多一些吃苦精神

有人问一位著名的艺术家，跟从他习画的那个青年将来会不会成为一个大画家？

他回答说："不，永远不会！他没有生存的苦恼，他每年都会从家里得到好几万元的资助。"这位艺术家深深知道，人的本领是从艰苦奋斗中锻炼出来的，而在财富的蜜罐中，这种精神很难发挥出来。

翻开历史可以知道，各行各业的许多成功人士，在早年往往都是贫苦的孩子。成功的人大多是从困乏与需要中训练出来的。大商人、教授、发明家、科学家、实业家和政治家大多是为了提高自己地位的愿望而努力向上的。

成功是排除困难的结果，伟人都是从同困难的斗争中产生出来的。不经过艰难挫折的拼搏而要想锻炼出能耐来，是不可能的。

一个生长于奢侈的环境中的年轻人，时常依附于他人而无须用自己的努力挣饭吃的年轻人，自小被溺爱的年轻人，习惯于躲藏在父辈羽翼下的年轻人，是很少能具有大本领的。富家子弟与穷苦少年相比，就像温室中的幼苗和饱受暴风骤雨吹打的松树一样，只有那些经受风雨洗礼的大树才能看见更加蔚蓝的天空。

日本教育界有句名言："除了阳光和空气是大自然的赐予，其他一切都要通过劳动获得。"许多日本学生在课余时间都要去外边参加劳动挣钱，大学生中勤工俭学的非常普遍，就连有钱人家的子弟也不例外。他们靠在饭店端盘子、洗碗，在商店售货，在养老院照顾老人或做家庭教师来挣自己的学费。孩子很小的时候，父母就给他们灌输一种思想——不给别人添麻烦。全家人外出旅行，不论多么小的孩子都要无一例外地背上一个小背包。别人问为什么，父母说："他们自己的东西，应该自己来背。"

学会吃苦，能够让你不会在困难和逆境面前乱了阵脚，无助哀叹；学会吃苦，能够让你在奋斗的路上多一分坚韧，多一些从容。然而，曾几何时，我们早已将吃苦精神丢弃一旁。我们习惯于依赖别人，等着别人为我们搭好桥，修好路，再牵着我们的手慢慢通过。殊不知，吃苦是一种经历、一种收获，更是一种财富！

没有受过寒流的抽打，就不会感受到阳光的温暖；没有经历沙漠的干热，就不会体会到绿洲的清爽。

苦，可以折磨人，更可以锻炼一个人！吃下这个"苦"字，会使你的生命力更加强健，让你的人生更加灿烂、辉煌。

多一点吃苦精神吧！因为，吃苦的经历是我们成长的养分。

吃苦是一分收获，吃苦是一种资本，吃苦更是一种财富！

如何上好"吃苦"这门"必修课"呢？

（1）培养吃苦精神，应该从日常生活做起。从身边的小事做起，吃苦精神不能一蹴而就，而且要靠日常的锻炼、提高。平时应该养成自己的事情自己做的习惯，一个事事依赖父母，靠别人帮忙的人是不具备吃苦精神的。

（2）体育锻炼是一项好的磨炼意志，提高吃苦能力的活动。当你不管刮风下雨每天跑上 5000 米的时候，你不仅是在锻炼身体，同时也在锻炼自己的意志。

（3）阅读伟人的吃苦故事，学习他们的吃苦精神。古今中外伟人艰苦奋斗的故事可谓比比皆是，我们应该通过有意识地学习来激励自己的吃苦意志。

（4）有意识地给自己设置一些吃苦项目。《北京青年报》曾报道过北大附小四年级的王一妍横渡琼州海峡的故事。2003 年 8 月，10 岁的王一妍经过 10 小时零 6 分的奋力拼搏，游完了 21.08 千米的路程，成功地横渡琼州海峡，成为我国迄今为止年龄最小的横渡琼州海峡者。

当然，吃苦不是一时冲动也不是盲目冒险。吃苦的困难不在于事情本身而是平时的训练，哪件事情的成功完成不浸透着当事人的汗水呢？

第七章

一个人能否成功，与他的人脉有关系

一个人，如果能力出众，但是在人脉上不加注意，恐怕也是很难成功的。当一个人在没有任何背景的境况下，广泛交友是获得机遇的源泉。一个想要成功的人永远要记住在这个开放时代的成功共识：成功＝85% 的人脉关系 +15% 的专业知识。

成功 =85% 的人脉关系 +15% 的专业知识

美国商界曾做过一项领导能力调查，结果显示：

第一，管理人员的时间平均有四分之三花在处理人际关系上。

第二，大部分公司的最大开支用在人力资源上。

第三，管理者制订的计划能否执行与执行成败，关键在于人。

上面的调查结果很清晰地说明了这样一个道理，任何公司最大、最重要的财富都是人，领导者最看重的能力往往也是人际交往的能力。因此，如果你想在事业上做出一番成就，除了专业技能的学习和培训之外，就要尽早建立自己的人脉网，并且很好地发展自己的人脉网络，网聚大量的人脉资源，学会和各种各样的人交往，这样，成功的机遇会通过你的人脉资源找上门来。

正如一位企业家所说："每一个伟大的成功者背后都有另外的成功者，一个人的成功之路是无数人为他铺垫的。"事实正是如此，没有人能够完全凭借自己一个人的力量达到事业的顶峰，假如你决心成为出类拔萃的人，千万不能忽视人际关系的巨大作用。

在美国前总统克林顿成功竞选的过程中，他的拥有高知名度的朋友们扮演着举足轻重的角色。这些朋友包括他小时候在热泉市的玩伴、年轻时在乔治城大学与耶鲁法学院的同学，以及当学者时的旧识等。当演说家罗安数年前应邀在阿肯色州热泉市为旅游业年会演讲时，他深刻地体会到这些人对克林顿总统的支持。

"两小儿辩日"的故事相信大家都很熟悉。两个毛头小儿，因为太阳远近的问题争论不休，这时遇到孔子，可当他们询问孔子的时候，孔圣人居然也是一头雾水。一个人的力量是十分有限的，即使你在某个方面可以被称为专家，你也只是精通某一个领域的知识，你所不了解的东西都要靠别人的帮助和指点。遇到了无法解决的问题时，你就必须请教能为你指点迷津的人，请他们帮助你，给你建议，以便顺利解决问题。

聪明人都会注意到，在生活中，成功的人大多是有关系网的人。这种关系网由各种不同的朋友组成，有过去的知己，有近交的新朋友；有男性，有女性；有前辈，有同辈或晚辈；有地位高的，有地位低的；有不同行业的，有不同特长的，也有不同地方的，有国内的，也有国外的等。

一个人，如果能力出众，但是在人脉上不加注意，恐怕也是很难成功的。当一个人在没有任何背景的境况下，广泛交友是获得机遇的源泉。有许多机遇就是在与朋友的交往中出现的，朋友的一句话、朋友的帮助、朋友的关心等，都可能化作难得的机遇。在很多情况下，就是靠朋友的推荐、朋友提供的信息和其他多方面的帮助，人们才获得了难得的机遇。

一个想要成功的人永远要记住在这个开放时代的成功共识：成功=85% 的人脉关系 +15% 的专业知识。所以，在打好自己专业基础的前提下，努力在人脉上下功夫，你一定能收获成功！

储存人脉胜过储存黄金

谁都不是单独生活在社会中的个体。在生活中，我们难免会形成这样或者那样的关系，比如父子关系、朋友关系、夫妻关系；在工作中，我们也要处理同事之间的关系、上级和下属之间的关系。在处理这些关系的过程中，我们会形成自己的关系网，这就是我们的人脉。

有的人认为自己的能力强，个性独特，就不需要拥有人脉了。其实这样的想法是错误的，对于这样的人，社会将给予忠告：只依靠个人的力量取得成功的人，一定会付出超乎常人的代价。

有的人认为自己已经积累了很多财富，无论精神上还是物质上，都十分富足了，不需要再考虑人脉的问题。这样的想法也是不对的。世界每天都在变化，你不可能每天都生活在自己单独搭建的小屋里而不与外界接触。即使你没有什么需要求助于别人，但你还有父母、亲戚、朋友、子女，你不能保证他们也不需要你为他们做任何事情。

在生活中，财富固然重要，可是储存黄金却远不如储存人脉重要。因为黄金是不可再生资源，花掉了，用完了，也就消失了。但是人脉不一样，你完全可以利用它创造更多的价值。有了人脉，你可能会有更大的发展，你的人生也会因为认识了越来越多的人而变得更加广阔。

每个人身上都有优点，如果身边的每一个人都能够将自己的优点利用在你的身上，那么你获得的力量将是无穷的。可是，生活中很多人并没有认识到这一点，他们紧紧地锁住自己，为的是能够全神贯注地拼搏。可是他们不知道，当他们集中了精神只守着自己的那一小块田地的时候，已经失去了由人脉构建起来的更为广阔的沃土。

有一个美国女人叫凯丽，她出生于贫穷的波兰难民家庭，在贫民区长大。她只上过 6 年学，也就是只有小学文化程度。她从小就干杂工，命运十分坎坷。但是，她 13 岁时，看了《全美名人传记大成》后突发奇想，打算直接与名人交往。她的主要办法就是写信，每写一封信都要提出一两个让收信人感兴趣的具体问题。许多名人纷纷给她回信。此外，她还有另外一个办法，凡是有名人到她所在的城市来参加活动，她总要想办法与她所仰慕的名人见上一面，只说两三句话，不给对方更多的打扰。就这样，她认识了社会各界的许多名人。成年后，她有了自己的生意，因为认识很多名流，他们的光顾让她的店人气很旺。最后，她不仅成为了富翁，还成了名人。

由此可见，你若想成功，就必须有很多人的支撑。任何一个只想依靠自己的实力获得发展的人，都将承受更大的压力，受更多的苦。所以，不要再仅仅执迷于自己的力量，从现在开始储备你的人脉吧。若干年以后，你就会发现，这些人脉给你带来人生价值的提升，已经远超过了储备黄金所创造出来的价值。

成大事者都是善于运用人脉的人

不管你是一个什么样的人，如果你想打开自己的人生局面，就离不开与各种各样的人打交道。人抬人，人帮人，办起事来才会顺利，人的事业才会发达。而那些成大事者总能够与别人相处得特别好，这到底有什么秘诀？

在你认识的朋友当中，有人会特别吸引朋友。对于这样的人，你不禁感叹地说："他把人都吸引到自己身边了！"真是一语中的。

人并非是强迫他喜欢谁，他就会喜欢谁。成大事者之所以能与各种人相处融洽，关键就在于他了解一般人所共同需要的两大基本渴望。利用好它们，就能与人很好地相处。

首先，要做到容纳。每个人都希望自己能够完完全全地被周围的人接受，能够轻松地与形形色色的人相处。在一般情况下，与人相处时，很少有人敢于在别人面前完全地暴露自己的一切。所以，倘若有一个人能让你感到轻松自在、毫无拘束，你就会很愿意和他在一起。也就是说，我们希望和能够接受我们的人在一起。专门挑毛病的人，一定不是个好亲人、好朋友。

因此，我们切忌设定标准叫别人的行动合乎自己的准则。请给对方一个保持自我的权利，即使对方有某些毛病也无妨。要让你身旁的人轻松自在，这才是最重要的。

但是，并不是每个人都能很好地容纳别人。有人曾经向一位有名的精神科医生请教人际关系中的容纳问题，他说："如果人人都有容纳的雅量，那我们就失业了！精神病治疗的真谛，在于医生们找出病人的优点，接受它们，也让病人们自己接受自己。医生们静静地倾听患者的心声，他们不会以惊讶、反感的道德式的说教来批判。所以患者敢把自己的一切讲出来，包括他们自己感到羞耻的事与自己的缺点。当他觉得有人能容纳、接受他时，他就会接受自己，有勇气迈向美好的人生大道。"

容纳在人们的生活中、人际交往中起着至关重要的作用。

其次，要做到承认。承认比容纳更深一层。容纳，实际上是一种消极的做法。我们容纳对方的缺点与短处，伸出友谊的双手接受他们，这只是消极的做法。倘若是积极的做法，就不光是停留在接受忍耐对方的缺点上，而是要找出对方的长处。

人们都喜欢"沐浴"在别人承认的温馨之中，从中可以感受到向上的力量。

有一天，一位父亲带着他自认为是无可救药的孩子到心理学家那里去寻求帮助。那个孩子已经被严重灌输了自己没有用的观念。刚开始，他一言不发，无论心理学家怎么询问、启发，他也不开口。这使得心理学家一时之间无从着手。后来心理学家在与他父亲的交谈中找到了医治的线索。他的父亲坚持说："这个孩子一点儿长处也没有，我看他是没指望、无可救药了！"

于是，心理学家开始运用承认的方法，并找出了他的长处，即擅长雕刻。可以说他在这方面具有聪颖的天资，还颇有高手的意味。他家里的家具全被他刻伤，到处都是刀痕，因而常受到父亲的惩罚。心理学家买了一套雕刻工具送给他，还送给他一块上等的木料，然后教给他正确的雕刻方法，并不断地鼓励他："孩子，你是我所认识的人当中，最会雕刻的一个。"

从此以后，他们接触得频繁起来，随着了解的加深，心理学家又慢慢地找出其他事项来承认他。有一天，这个孩子竟然不用大人吩咐，自动去打扫房间。这件事，使所有人都吓了一跳。心理学家问他为什么这样做？

他回答说："我想让老师您高兴。"

人们都渴望得到他人的承认，而要满足这项欲望也并不难。

有些人生来具有过人的人际交往能力，他们无论对人对己都非常自然，轻易就能获得他人的注意和真爱。而大部分人，要为建立一个好的人际关系而付出努力。不要忘了，良好的人际关系是你最大的资产。要想成大事，就必须善于和形形色色的人打交道。

多一分人缘，少一些烦恼。生活是个大舞台，每个人都在扮演着不同的角色，又不停地变换着角色，各个角色之间时刻进行着各种各样的人际交往。一个好的人缘就是一张广大而伸缩自如的关系网，利用这张网你可以活得轻松自在、潇洒自如，塑造一个完美的人生。

5 个朋友决定你的一生

一匹好马可以带领你到达你梦想的地方，一个好朋友可以带你实现自己的愿望。

年轻的寿险推销员杰克来自蓝领家庭，他平时也没什么朋友。华特先生是一位很优秀的保险顾问，而且拥有许多赚钱的商业渠道。他生长在富裕家庭中，他的同学和朋友都是学有专长的社会精英。杰克与华特的世界根本就是天壤之别，所以在保险业绩上也是天壤之别。杰克没有人际网络，也不知道该如何建立人际网络、如何与来自不同背景的人打交道，而且少有人缘。一个偶然的机会，杰克参加了开拓人际关系的课程训练，杰克受课程启发，开始有意识地和在保险领域颇有建树的华特联系，并且和华特建立了良好的私人关系，他通过华特认识了越来越多的人，事业上的新局面自然也就打开了。

伟大的德国文学家歌德曾经说过："只要你告诉我，你交往的是些什么人，我就能说出，你是什么人。"

心理学研究表明，环境能够改变我们的思维与行为习惯，直接影响我们工作的效能态度。主动接近优秀人物，经常和成功人士在一起，有助于我们在身边形成一个"成功"的氛围，在这个氛围中我们可以向身边的成功人士学习正确的思维方法，感受他们的热情，了解并掌握他们处理问题的方法。在无形之中我们也可以积累办事资本，提升办事能力。

下面是一位百万富翁请教一位千万富翁的对话，通过这个故事可以让我们知道和成功人士在一起的重要作用。

"为什么你能成为千万富翁，而我却只能成为百万富翁，难道我还不够努力吗？"一位百万富翁向一位千万富翁请教。

"你平时和什么人在一起？"

"和我在一起的全都是百万富翁，他们都很有钱，很有素质。"百万富翁自豪地回答。

"呵呵，我平时都是和千万富翁在一起的，这就是我能成为千万富翁而你却只能成为百万富翁的原因。"那位千万富翁轻松地回答。

由此我们可以看出，造成他们差距的是他们所处的不同环境，也就是说交往的朋友不一样。职场中有这样一个规律：你的年收入是你交往最密切的 5 位朋友年收入的平均值。当然这个数字只是理论上的，但我们接触的类似事实太多了。

一位职员曾经向他的老板报怨道："老板，我真的很苦恼，因为我实在无法激发出我的潜力。"他的老板就告诉他说："原因只有一个，因为你没有跟成功者在一起。如果你与成功者在一起学习，他们都非常热情，有行动力，你跟他们在一起，不行动都不行。"

一个人要成功，必须做到下面 3 点：

第一，他必须帮成功者工作。

第二，当他开始成功的时候，一定要跟更成功的人合作。

第三，当他越来越成功时，要找成功者来帮他工作。

只要你能依照这 3 个方法，按部就班地去做，你一定会非常成功。那些能够为我们带来益处的人往往是那些优于我们自己的人。一位成功学专家认为，一个最有可能成功的人，他在朋友圈子中的成就应当是最低的。为什么呢？因为只有你的朋友比你强的时候，你才能从交友中获益；假如所有的朋友都没你棒，就不太妙。

　　你所遇到的人，决定着你的命运。因此，我们在交往中应尽可能结交优于自己的人，并朝这一目标而努力。如果你想积累办事资本，提升自己的办事能力，巧妙利用环境因素，在自己周围建立"成功"的氛围，是一个绝好的办法。

图书在版编目（CIP）数据

好思路　好方法　好经验 / 宿春礼，王婧著. -- 北
京：线装书局，2018.3
ISBN 978-7-5120-3011-4

Ⅰ. ①好… Ⅱ. ①宿… ②王… Ⅲ. ①成功心理—通
俗读物 Ⅳ. ① B848.4-49

中国版本图书馆 CIP 数据核字（2017）第 299970 号

好思路 好方法 好经验

著　　者：宿春礼　王　婧
责任编辑：曹胜利
出版发行：线装書局
　　　　　地　　址：北京市丰台区方庄日月天地大厦 B 座 17 层（100078）
　　　　　电　　话：010-58077126（发行部）010-58076938（总编室）
　　　　　网　　址：www.zgxzsj.com
经　　销：新华书店
印　　制：三河市中晟雅豪印务有限公司
开　　本：880mm×1230mm　　1/32
印　　张：8.5
字　　数：178 千字
版　　次：2018 年 3 月第 1 版第 1 次印刷
印　　数：0001—5000 册

定　　价：32.00 元

线装书局官方微信

方法，是保证思路得以执行的手段，是成功的保证。成功需要方法，人生的计划和行动，是需要靠方法来完成的。

好思路 好方法 好经验

好思路、好方法、好经验，是一个人从平凡到卓越需要具备的条件。本书全面阐释了拥有好思路、获得好方法、赢得好经验的方法和技巧，通过列举大量的实例，加以精到的分析，教你像成功者一样思考、行动，让你在面对繁杂的事物和困难时应对自如，快速找到解决问题的突破口，轻松踏上成功之路，赢得属于自己的美满人生。

好思路 好方法 好经验

策 划 人丨侯海博　　　　封面设计丨李艾红
著　　者丨宿春礼 王婧　　特约编辑丨李　波
责任编辑丨曹胜利　　　　美术编辑丨武有菊

每个人都渴望成功，都希望能过上
更精彩、更富有的生活，但并非每个人
都能如愿。